Philipp Schorr

Ein Beitrag zur Entwicklung mobiler Roboter basierend auf multistabilen Tensegrity Strukturen

Ein Beitrag zur Entwicklung mobiler Roboter basierend auf multistabilen Tensegrity Strukturen

Philipp Schorr

Universitätsverlag Ilmenau
2020

Impressum

Bibliografische Information der Deutschen Nationalbibliothek
Die Deutsche Nationalbibliothek verzeichnet diese Publikation in der Deutschen Nationalbibliografie; detaillierte bibliografische Angaben sind im Internet über http://dnb.d-nb.de abrufbar.

Diese Arbeit hat der Fakultät für Maschinenbau der Technischen Universität Ilmenau als Dissertation vorgelegen.

Tag der Einreichung:	9. März 2020
1. Gutachter:	Univ.-Prof. Dr.-Ing. habil. Klaus Zimmermann (Technische Universität Ilmenau)
2. Gutachter:	Prof. Dr.-Ing. habil. Valter Böhm (Ostbayerische Technische Hochschule Regensburg)
3. Gutachter:	Prof. Dr.-Ing. habil. Alexander Fidlin (Karlsruher Institut für Technologie)
Tag der Verteidigung:	25. Juni 2020

Technische Universität Ilmenau/Universitätsbibliothek
Universitätsverlag Ilmenau
Postfach 10 05 65
98684 Ilmenau
http://www.tu-ilmenau.de/universitaetsverlag

ISBN 978-3-86360-224-6 (Druckausgabe)
DOI 10.22032/dbt.45203
URN urn:nbn:de:gbv:ilm1-2020000219

Titelgrafik: Veit Henkel | Fakultät für Maschinenbau, TU Ilmenau

VORWORT

Die vorliegende Arbeit ist im Rahmen meiner Tätigkeit als wissenschaftlicher Mitarbeiter am Fachgebiet Technische Mechanik der Fakultät für Maschinenbau der Technischen Universität Ilmenau im Zeitraum von 2016 bis 2020 entstanden.

Mein besonderer Dank gilt meinem Betreuer Herr Prof. Dr.-Ing. habil. Valter Böhm. Seine Arbeitsweise aber auch sein kollegiales Verhalten waren ein Vorbild für mich. Außerdem möchte ich Herrn Univ.-Prof. Dr.-Ing. habil. Klaus Zimmermann für das geschenkte Vertrauen bedanken, das diese Arbeit überhaupt erst ermöglichte. Weiterhin gilt mein Dank Herrn Prof. Dr.-Ing. habil. Alexander Fidlin für die Bereitschaft diese Arbeit zu begutachten.

Ich danke Herrn Prof. Dr. habil. Gábor Stépán für dessen fachliche Betreuung während meines 4-monatigen Forschungsaufenthalts an der Technischen und Wirtschaftswissenschaftlichen Universität Budapest (BME).

Ich bedanke mich bei meinen Kollegen der TU Ilmenau für die Unterstützung bei der Erstellung der Ergebnisse dieser Arbeit. Dies betrifft insbesondere Herrn Dr.-Ing. Florian Schale und Herrn Dipl.-Ing. (FH) Tobias Kästner, die mir bei der Erstellung des Prototyps tatkräftig zur Seite standen. Ich möchte mich ebenfalls bei Herrn Dr. Réne Uhlig bedanken, der mir bei der Herstellung von 3D-Druck-Teilen behilflich war. Ebenfalls möchte ich mich bei Herrn M.Sc. Jhohan Chavez-Vega bedanken, der mich bei der Erstellung der Elastomere tatkräftig unterstützte. Außerdem möchte ich mich bei meinem geschätzten Kollegen M.Sc. Moritz Scharff für die vielen fachlichen Diskussionen und Verbesserungsvorschläge bedanken.

Insbesondere möchte ich meinen Eltern Gerhard und Gertraud Schorr bedanken. Das gesamte Studium sowie die anschließende Promotion war nur aufgrund deren permanenter moralischer Unterstützung möglich.

Ilmenau, am 09.03.2020 Philipp Schorr

KURZFASSUNG

In dieser Arbeit wird die Anwendung von Tensegrity Strukturen mit mehreren stabilen Gleichgewichtskonfigurationen zur Realisierung von Lokomotionssystemen in der mobilen Robotik untersucht. Diese Strukturen werden unter dem mechanischen Aspekt modelliert und verschiedene Aktuatorstrategien zur Realisierung eines kontrollierten Wechsels zwischen den unterschiedlichen stabilen Gleichgewichtslagen abgeleitet. Zur experimentellen Verifikation der theoretischen Ansätze wird ein Prototyp einer multistabilen Tensegrity Struktur entwickelt. Die experimentellen Ergebnisse bestätigen die vorteilhaften Eigenschaften multistabiler Tensegrity Strukturen sowie die Möglichkeit von kontrollierten Konfigurationswechseln. Infolge von Erweiterungen des mechanischen Modells unter Berücksichtigung von Umwelteinflüssen wird das Bewegungsverhalten von Tensegrity Strukturen simuliert. In dieser Arbeit wird die Fortbewegung durch die Gleichgewichtslagenwechsel der multistabilen Tensegrity Struktur realisiert. Abhängig von der gewählten Aktuierungsstrategie kann eine schreitende Lokomotion, eine kriechende Lokomotion sowie eine springende Lokomotion realisiert werden. Experimente mit dem entwickelten Prototyp bestätigen die zuvor untersuchten Lokomotionsformen. Durch Kombination der verschiedenen Bewegungsmodi resultiert ein multimodales Lokomotionssystem. Dieses Lokomotionssystem erlaubt die Anpassung des Lokomotionsprinzips hinsichtlich der gegebenen Umgebungsbedingungen.

ABSTRACT

In this work, tensegrity structures with multiple stable equilibrium configurations are investigated to develop locomotion systems in the fields of mobile robotics. These structures are modeled from the mechanical point of view and various actuation strategies to realize a controllable change between the different stable equilibrium states are derived. A prototype of a multistable tensegrity structure is developed to verify the theoretical approaches experimentally. The experimental results confirm the advantageous properties of multistable tensegrity structures and the possibility to change the configuration in a controllable manner. Due to extensions of the mechanical model considering environmental influences, the motion behavior of tensegrity structures is simulated. In this work, the locomotion is realized by changing between the stable equilibrium configurations of the multistable tensegrity structure. Various actuation strategies yield a tilting locomotion, a crawling locomotion and a jumping locomotion. Experiments with the developed prototype confirm the different locomotion types. A multimodal locomotion system is derived by combining the various locomotion modes. This system allows the adaptation of the locomotion principle with regard to the given environmental conditions.

INHALTSVERZEICHNIS

ABKÜRZUNGSVERZEICHNIS

Mathematik:

a, A	Skalar
$\boldsymbol{a}, \boldsymbol{A}$	Vektor
(a_{ij}), $\mathbf{A}$	Matrix
$\lvert \cdot \rvert$	Betrag eines Vektors
$(\,\cdot\,)^{\mathrm{T}}$	Transponierte eines Vektors
$\det(\,\cdot\,)$	Determinante einer Matrix
$(\,\cdot\,)^{-\mathrm{I}}$	Inverse einer Matrix
$(\,\cdot\,)\cdot(\,\cdot\,)$	Skalarprodukt zweier Vektoren

Lateinische Buchstaben:

$\hat{a}$	Amplitude der Aktuierung in m
A	Querschnittsfläche eines Drucksegments im unbelasteten Zustand in m^2
$\boldsymbol{A}_{harm}$	Aktuierungsvektor bei harmonischer Errregung in N
$\mathbf{A}$	Matrix bei Formulierung der Gleichgewichtsbedingungen
$\boldsymbol{b}$	Vektor bei Formulierung der Gleichgewichtsbedingungen
$\boldsymbol{b}_S$	Vektor bei Bestimmung der Aktuatorgrößen zur Konfigurationskontrolle
$\mathbf{B}$	Inzidenzmatrix der Tensegrity Struktur
c	Dämpfungskoeffizient in Ns/m
c_g	Kontaktdämpfung in Ns/m
C	Koeffizient
$\mathbf{C}$	Dämpfungsmatrix in Ns/m
$\boldsymbol{d}$	Distanzvektor der zugehörigen Knotenpunkte eines Segmentes in m
D	Dimension der Tensegrity Struktur

$\boldsymbol{e}$	Einheitsvektor
E	Elastizitätsmodul eines Drucksegments in MPa
f	Eigenfrequenz in Hz
f_{err}	Erregerfrequenz in Hz
$\boldsymbol{F}$	Knotenkraft in N
$\boldsymbol{F}_c$	Dämpfungskraft eines Zugsegments in N
$\boldsymbol{F}_k$	Kontaktkraft in N
F_N	Normalkraft in N
F_R	Reibungskraft in N
F_{res}	resultierende Knotenkraft ohne Berücksichtigung von Reibung in N
$\boldsymbol{F}_Z$	Zugkraft eines Zugsegments in N
$\boldsymbol{g}$	Erdbeschleunigung in m/s^2
H	superkritische/ subkritische Heugabel-Bifurkation
$\mathbf{H}$	geränderte Hessematrix
i	Knotennummer
j	Segmentnummer
k	Steifigkeit eines Segments in N/m
k_g	Kontaktsteifigkeit in N/m
K	Koeffizient
$\mathbf{K}$	Steifigkeitsmatrix in N/m
l	ungedehnte Länge eines Zugsegments in m
$\tilde{l}$	Länge der Koppelelemente zur Aufnahme der Zugsegmente in m
$\tilde{l}^{Prototyp}$	Länge der Koppelelemente im Prototyp in m
l_H	Länge der Hilfssegmente in m
$l_{H,P}$	Länge der Hilfssegmente am Polygon in m
l_0	ungedehnte Länge des Verformungskörpers des Zugsegments in m
L	Länge eines Drucksegments in m

L_P	Kantenlänge des regulären Polygons in m
m	Anzahl der Drucksegmente der Tensegrity Struktur
M	Masse eines Drucksegments in kg
$\mathbf{M}$	Massenmatrix in kg
n	Segmentanzahl der Tensegrity Struktur
N	Knotenanzahl der Tensegrity Struktur
p	Eckanzahl eines regulären Polygons
$\boldsymbol{p}$	minimale generalisierte Koordinaten
$\boldsymbol{p}^{(g)}$	minimale generalisierte Koordinaten einer Gleichgewichtskonfiguration g
q	generalisierte Koordinaten
$\boldsymbol{q}$	Vektor der generalisierten Koordinaten $\in \mathbb{R}^{(D \cdot N)}$
$\boldsymbol{q}^{(g)}$	generalisierte Koordinaten einer Gleichgewichtskonfiguration g
$\mathbf{Q}$	unitäre Matrix bei QR-Zerlegung
$\boldsymbol{r}$	Ortsvektor in m
$\mathbf{R}$	obere Dreiecksmatrix bei QR-Zerlegung
s	max. Anzahl der Drucksegmente an einem Knoten der Tensegrity Struktur
$\boldsymbol{s}$	Ortsvektor des Schwerpunkts eines Drucksegments in m
S	Sattel-Knoten-Bifurkation
$\mathbf{S}$	Matrix bei Bestimmung der Aktuatorgrößen zur Konfigurationskontrolle
t	Zeit in s
t_A	Zeit bei erstem Kontakt des Lokomotionssystems mit dem Untergrund nach der Flugphase der springenden Lokomotion
T	Kinetische Energie der Tensegrity Struktur in Nm
T_{Lok}	Kinetische Energie der Fortbewegung in Nm
T_P	Periodendauer der Aktuierung in s

$T_{Periode}$	Periodendauer der Fortbewegung in s
T_{Zyklus}	Zyklusdauer der schreitenden Lokomotion in s
u	Knotenverschiebung in x-Richtung in m
U	Potentielle Energie in Nm
v	Anzahl der Aktuatoren der Tensegrity Struktur
v_{Lok}	Lokomotionsgeschwindigkeit in m/s
$\boldsymbol{v}$	Eigenvektor
V	Skalierungsfaktor bei Bildauswertung in mm/Pixel
$\boldsymbol{V}$	Vorspannungsvektor in N
w	Windungszahl der Bewegung
x	x-Koordinate in m
y	y-Koordinate in m
$\boldsymbol{Y}$	Fluss der Bewegungsdifferentialgleichung
z	z-Koordinate in m
$\boldsymbol{Z}$	Vektor der Zentrifugal- und Corioliskräfte in N

Griechische Buchstaben:

α	BAUMGARTE-Parameter in 1/s
β	BAUMGARTE-Parameter in 1/s
γ	Orientierung des Drucksegments 1 bei Bildauswertung
Γ	Existenzbereich stabiler Gleichgewichtskonfigurationen
δ	KRONECKER-Symbol
δ_H	Aufweitung des Haftbereichs infolge der KARNOPP-Methode
δ_{max}	maximale Abweichung der experimentell bestimmten Knotenpunktpositionen zur theoretischen Lage in m
Δl	Verlängerung eines Zugsegments in m
Δl_0	Aktuatorparameter eines aktuierten Zugsegments in m

$\boldsymbol{\Delta l_0}$	Vektor der Aktuatorparameter in m
Δs	Schrittweite der schreitenden Lokomotion in m
Δt	numerische Schrittweite in s
Δx	Sprungweite der springenden Lokomotion in m
Δy	Sprunghöhe der springenden Lokomotion in m
$\Delta\Pi$	Differenz der Formänderungsenergie der Tensegrity Struktur in Nm
ε	maginale Abweichung
η	Wirkungsgrad
ϑ	Orientierung der Aktuierung innerhalb der Aktuatorkarte beim transversalen Konfigurationswechsel in rad
Θ_{zz}	Massenträgheitsmoment eines Drucksegments bezüglich der z-Achse in kgm^2
$\boldsymbol{\Theta}$	Trägheitstensor eines Drucksegments bezüglich dessen körperfesten Hauptträgheitsachsen in kgm^2
λ	LAGRANGE-Multiplikator
$\boldsymbol{\lambda}$	Vektor der LAGRANGE-Multiplikatoren $\in \mathbb{R}^m$
Λ	LYAPUNOV-Exponent in s^{-1}
$\Lambda_{\max}$	maximaler LYAPUNOV-Exponent in s^{-1}
$\boldsymbol{\Lambda}$	Spektrum der LYAPUNOV-Exponenten in s^{-1}
μ	Gleitreibungskoeffizient
μ_0	Haftreibungskoeffizient
$\boldsymbol{\xi}$	relative generalisierte Koordinaten bezüglich linearisierter Gleichgewichtskonfiguration
Ξ	Monostabiler Parameterbereich stabiler Gleichgewichtskonfigurationen
Π	Formänderungsenergie der Tensegrity Struktur in Nm
$\Pi_{Aktuator}$	Formänderungsenergie durch Aktuierung in Nm
Π_0	Formänderungsenergie der nicht-aktuierten Tensegrity Struktur in Nm

$\boldsymbol{\rho}$	Optisch gemessene Knotenposition in m
$\boldsymbol{\rho}^*$	Optisch gemessene Knotenposition in Pixel
σ	Eigenwert
	holonome Zwangsbedingung
ω_z	Winkelgeschwindigkeit eines Drucksegments der z-Achse in rad/s
$\boldsymbol{\omega}$	Winkelgeschwindigkeit eines Drucksegments bezüglich dessen körperfesten Hauptträgheitsachsen in rad/s

Kapitel **1**

EINLEITUNG UND ZIELSETZUNG

1.1 Motivation der Arbeit

In vielen technischen Bereichen ist die Anwendung von Robotern allgegenwärtig. Diese Systeme dienen zur Unterstützung der humanen Arbeitskraft oder ersetzen diese sogar. Dadurch kann die Effizienz technischer Prozesse gesteigert werden. So sind robotische Systeme in Zusammenarbeit mit menschlichen Mitarbeitern oder vollkommen autarke Fertigungsstraßen in Fabriken, wie in Abb. 1.1 a abgebildet, zu finden. Manche Roboter ermöglichen überhaupt die Realisierung von Aufgaben, die für Menschen nicht möglich sind. So werden beispielsweise für Operationen in Gefahrengebieten oder für die Erforschung von unbekanntem Terrain hauptsächlich Roboter genutzt (Abb. 1.1 b). Dementsprechend ist das Forschungsgebiet der Robotik heutzutage von fundamentaler Bedeutung. Insbesondere die zunehmend angestrebte Mensch-Maschine-Interaktion fordert neue Ansätze und Lösungen.

a) b)

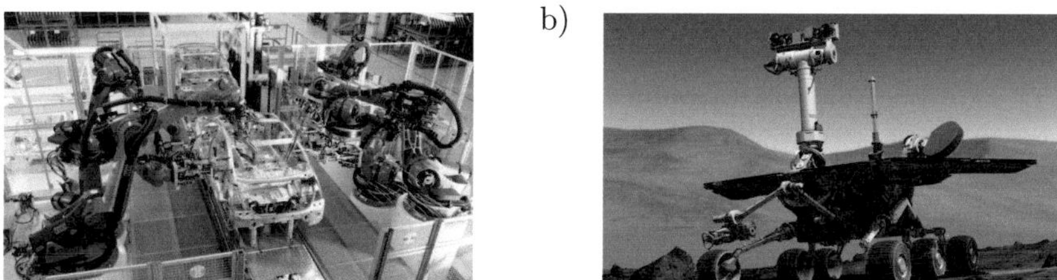

Abbildung 1.1: Applikationen von Robotern – a) autarke Fertigungsstraße mit Knickarmrobotern der *KUKA Group* beim Zusammenbau einer Pkw-Karosserie [1], b) Mars Rover *Opportunity* der NASA zur Erforschung des Mars [2].

Allgemein lässt sich das Themengebiet der Robotik in die stationäre und die mobile Robotik unterteilen. Dabei beschränkt sich die mobile Robotik auf Systeme, die eine Fortbewegung, im Folgenden auch Lokomotion bezeichnet, ermöglichen und folglich ihre Position im Raum verändern [Ste09]. In Abhängigkeit von dem Einsatzgebiet sind dabei die unterschiedlichsten Fortbewegungskonzepte zu finden. So sind beispielsweise bei radgetriebenen Robotern neben konventionellen Rädern ebenso omnidirektionale Räder, wie z. B. *Mecanum Wheels*, vertreten. Ebenso werden Roboter mit Beinen, insbesondere humanoide Roboter genutzt. Die zunehmenden Anforderungen an die mobile Robotik können jedoch durch diese konventionellen Bewegungssysteme häufig nicht mehr realisiert werden. Insbesondere die Miniaturisierung der Roboter, die häufig im Bereich der Biomedizintechnik gefordert wird, schließt die Nutzung von Rädern oder anderen Vortriebselementen aus. Aus diesem Grund ist die Erforschung von neuartigen Lokomotionsprinzipien notwendig.

Für die Entwicklung neuartiger Bewegungsprinzipien wird häufig die Natur als Vorbild genutzt. Bei pedalen Fortbewegungen findet man im Tierreich verschiedene Gangmuster bzw. Laufcharakteristiken (Laufen, Rennen, Klettern, Galoppieren, etc.). Ebenso ist eine große Vielfalt aquatischer und aviatischer Fortbewegungsmuster zu beobachten. Ein vielversprechender Ansatz ist beispielsweise die Betrachtung der wurmartigen bzw. kriechenden Lokomotion. Dieses Fortbewegungsprinzip ist durch die Bewegung von Würmern inspiriert und basiert auf der direkten Interaktion mit der Umgebung ohne zusätzliche Vortriebselemente.

Die Anpassung an eine sich ändernde Umgebung ist ein weiteres Kriterium an die Fortbewegung im Bereich der mobilen Robotik. Vor allem der Einsatz von mobilen Robotern in unbekanntem Terrain erfordert eine zuverlässige Lokomotion. Jedoch ist jedes Fortbewegungsprinzip physikalisch limitiert (z.B. hinsichtlich Reibungsbedingungen, maximaler Steigung des Untergrunds, etc.). Diese Problematik motiviert die Untersuchung von sogenannten multimodalen Bewegungssystemen. Derartige Systeme erlauben verschiedene Bewegungsmodi und ermöglichen dadurch eine Anpassung an die Umgebung bzw. eine Redundanz der Fortbewegungsmuster. In vielen Fällen kann eine Effizienzsteigerung oder überhaupt erst eine Fortbewegung realisiert werden. Dementsprechend erscheinen solche Systeme als ideal für den Einsatz in unbekanntem Terrain. Die Anwendung von nachgiebigen Strukturen (*Compliant Structures*) und nachgiebigen Antriebselementen in solchen Systemen erscheint aus vielen Aspekten vielversprechend. Dieser Ansatz wird im internationalen Forschungsumfeld aktuell intensiv vorangetrieben (*Soft Robotics*). Roboter, die auf diesem Gestaltungsprinzip basieren, ermöglichen eine Anpassung der äußeren Form des Bewegungssystems an die entsprechende Umgebung. Infolge dieses Ansatzes werden die möglichen Anwendungsbereiche dieser Robotersysteme immens erweitert.

Tensegrity Strukturen repräsentieren eine spezielle Klasse von vorgespannten Tragwerken, die ihren Ursprung in der modernen Kunst und Architektur haben. Klassische Tensegrity Strukturen bestehen aus geradlinigen Stäben, die miteinander indirekt verspannt sind. Aufgrund dieser Vorspannung resultiert eine stabile Gleichgewichtskonfiguration, im Folgenden auch als Gleichgewichtslage bezeichnet. Durch Variation der Vorspannung können sowohl die Form als auch die dazugehörigen mechanischen Eigenschaften der Struktur beeinflusst werden. Die auf dieser Art vorliegende Anpassungsfähigkeit sowie weitere vorteilhafte Eigenschaften wie Schockresistenz legitimieren ebenso den Einsatz von Tensegrity Strukturen in ingenieurtechnischen Bereichen. Die Nutzung dieser Strukturen als Lokomotionssysteme in der mobilen Robotik stellt einen vielversprechenden Lösungsansatz dar. Durch eine geeignete Variation der äußeren Gestalt der Struktur kann eine kontrollierte Fortbewegung realisiert werden. Für spezielle Tensegrity Strukturen resultieren infolge der Vorspannung mehrere stabile Konfigurationen. Diese Strukturen werden als multistabil bezeichnet. Das Potential dieser multistabilen Tensegrity Strukturen insbesondere in Bezug auf die mobile Robotik ist jedoch bisher weitestgehend unerforscht und motiviert diese Arbeit.

1.2 Zielsetzung der Arbeit

Das Ziel dieser Arbeit ist den Einsatz von multistabilen Tensegrity Strukturen in der mobilen Robotik zur Realisierung einer kontrollierten Fortbewegung theoretisch sowie experimentell unter dem mechanischen Aspekt zu untersuchen.

Die Nutzung von Tensegrity Strukturen in der Robotik ist ein Forschungsthema, das aktuell von mehreren Forschergruppen verfolgt wird. Dementsprechend gibt es bereits verschiedene Ansätze eine kontrollierbare Fortbewegung basierend auf Tensegrity Strukturen zu realisieren. Meist liegt dabei der Fokus auf der entsprechenden Aktuierungsstrategie, um die Effizienz der Lokomotion zu steigern. Im Rahmen dieser Arbeit wird die Nutzung multistabiler Tensegrity Strukturen für Bewegungssysteme in der mobilen Robotik fokussiert. Diese Untergruppe von Tensegrity Strukturen ist bisher im Anwendungsgebiet der Robotik noch größtenteils ungenutzt bzw. sogar unbekannt. Neben der mechanischen Untersuchung von Tensegrity Strukturen mit mehreren stabilen Gleichgewichtskonfigurationen sind geeignete Topologien sowie entsprechende Aktuierungsstrategien abzuleiten, um eine zuverlässige und kontrollierbare Fortbewegung auf Basis multistabiler Tensegrity Strukturen zu gewährleisten. Es wird insbesondere die Nutzung der mit der Multistabilität verbundenen Vorteile angestrebt. Dabei wird als Zielstellung die Entwicklung verschiedener Bewegungsprinzipien, sowie die Kombination derer in Form eines multimodalen Lokomotionssystems formuliert. Hierzu erfolgen theoretische Untersuchungen, die durch Erprobung eines entwickelten Prototyps auch experimentell verifiziert werden.

1.3 Aufbau der Arbeit und Notation

Im anschließenden Kapitel 2 dieser Arbeit wird der Stand der Technik bezüglich Tensegrity Strukturen analysiert. Neben den wesentlichen Definitionen von Tensegrity wird die Entwicklungshistorie dieser Strukturen kurz vorgestellt. Den Schwerpunkt dieses Kapitels bildet die Betrachtung des Standes der Forschung fokussiert auf Anwendungen von Tensegrity Strukturen in der Robotik. Abschließend wird diese Arbeit in den herausgearbeiteten Stand der Technik eingeordnet. Das 3. Kapitel ist der mechanischen Modellierung von Tensegrity Strukturen gewidmet. Hierbei werden der Aufbau und Realisierungsmöglichkeiten derartiger Strukturen erklärt. Es werden ebenfalls die mechanischen Grundlagen zur Beschreibung der statischen und dynamischen Eigenschaften dieser Strukturen herausgestellt. Basierend auf diesen Grundlagen werden im Kapitel 4 multistabile Tensegrity Strukturen betrachtet. Hierbei werden verschiedene Methodiken zur Entwicklung von Tensegrity Strukturen mit mehreren stabilen Gleichgewichtskonfigurationen vorgestellt. Es werden auf der Multistabilität basierende Besonderheiten der mechanischen Eigenschaften hervorgehoben und diverse Aktuierungsstrategien für den Wechsel zwischen den verschiedenen Gleichgewichtskonfigurationen geschildert. Im Kapitel 5 wird der Prototyp einer multistabilen Tensegrity Struktur vorgestellt und Experimente zur Verifizierung der zuvor gewonnenen Erkenntnisse, insbesondere hinsichtlich des multistabilen Charakters und der Aktuierungsstrategie, erläutert. Diesbezüglich werden auch die Experimentierumgebung sowie die dazugehörige Messauswertung veranschaulicht. Die experimentellen Daten werden anschließend den theoretischen Ergebnissen gegenübergestellt und diskutiert. Im Kapitel 6 wird schließlich ein Lokomotionssystem basierend auf einer multistabilen Tensegrity Struktur entworfen. Unter Nutzung der entwickelten Aktuierungsstrategie zeigen numerische Simulationen für unterschiedliche Konfigurationswechsel eine schreitende, eine kriechende sowie eine springende Fortbewegung. Diese Lokomotionsprinzipien werden anschließend mit dem entwickelten Prototyp experimentell untersucht und mit den Simulationsdaten verglichen. Eine Kombination dieser Bewegungsmodi erlaubt eine multimodale Fortbewegung. Außerdem wird in diesem Kapitel der Vorteil von multistabilen Tensegrity Strukturen gegenüber den bisher genutzten Tensegrity Strukturen mit einer stabilen Gleichgewichtskonfiguration hervorgehoben. Die Arbeit schließt mit einer Zusammenfassung der Ergebnisse und Erkenntnisse sowie mit einem Ausblick für zukünftige Forschungsarbeiten im Kapitel 7.

Aufgrund des theoretischen Charakters dieser Arbeit ist eine Beschreibung der hier genutzten Nomenklatur erforderlich. Skalare Größen werden durch kursive Klein- bzw. Großbuchstaben dargestellt (a, A). Vektorielle Größen werden durch fett-kursive Klein- bzw. Großbuchstaben ausgedrückt ($\boldsymbol{a}, \boldsymbol{A}$). Tensoren und Matrizen werden durch fette, nicht-kursive Großbuchstaben dargestellt ($\mathbf{A}$). Ein Großteil der in dieser Arbeit genutzten Ansätze basiert auf Formulierungen aus der Analytischen Mechanik. Um diese Gleichungen so kompakt wie möglich darzustellen, wird die EINSTEIN'sche Summationskonvention genutzt. Dementsprechend werden Variablen mit identischem Index aufsummiert. Der Wertebereich von Indizes wird am Ende der Gleichung in runden Klammern angegeben. Bei mehrfach indizierten skalaren und vektoriellen Größen werden die Indizes durch Komma getrennt ($A_{i,j}, \boldsymbol{A}_{i,j}$). Diese sowie weitere Hinweise zur mathematischen Nomenklatur können dem Abkürzungsverzeichnis entnommen werden.

Kapitel 2

STAND DER TECHNIK

Innerhalb dieses Kapitels wird zur Einordnung der Arbeit der aktuelle Stand der Technik betrachtet. Neben der Definition und der historischen Entwicklung von Tensegrity werden einschlägige Forschungsarbeiten zu diesen Strukturen aus verschiedenen Themengebieten vorgestellt. Es werden außerdem aktuelle Forschungsschwerpunkte unter dem mechanischen Aspekt geschildert. Das Hauptaugenmerk liegt dabei auf der Applikation von Tensegrity Strukturen in ingenieurtechnischen Bereichen, insbesondere der Robotik.

2.1 Definition und Geschichte von Tensegrity Strukturen

Der Ausdruck *Tensegrity* setzt sich aus den Bezeichnungen *tension* (engl.: Zugspannung) und *integrity* (engl.: Zusammenhalt) zusammen [Ful82; Mot03; SO09; ZO15]. Diese Bezeichnung wurde von dem US-amerikanischen Architekten Richard Buckminster Fuller geprägt [Ful61; Ful62; Sad96]. Tensegrity Strukturen beschreiben eine spezielle Klasse von vorgespannten Tragwerken. Derartige Strukturen bestehen im klassischen Fall ausschließlich aus geradlinigen Segmenten, die auf Zug oder Druck beansprucht werden [SO09]. Entsprechend der vorhandenen Spannungszustände werden die Segmente als Zug- bzw. Drucksegmente klassifiziert. Gemäß den ursprünglichen Patenten [Ful62; Emm64; Sne65] sind Tensegrity Strukturen wie folgt definiert:

Tensegrity Strukturen sind räumlich netzartige Strukturen in einem vorgespannten Zustand. Alle Segmente sind gerade und von äquivalenter Größe. Zugsegmente haben keine Drucksteifigkeit und bilden ein kontinuierliches Netz. Drucksegmente bilden eine diskontinuierliche Menge. An jedem Knoten liegt genau ein Drucksegment an. (vgl. [Mot03])

Dementsprechend beschrieb Fuller diese Strukturen als *Islands of Compression in an Ocean of Tension* (engl.: Inseln der Druckspannung in einem Meer der Zugspannung) [Ful61]. Tensegrity Strukturen zeichnen sich durch ein hohes Belastung-Eigengewichts-Verhältnis sowie eine immense Schockresistenz aus, da sich Lasten über die gesamte Struktur verteilen. Diese Strukturen haben ihren Ursprung in der Kunst und Architektur. Tensegrity Strukturen finden aufgrund ihrer vorteilhaften Eigenschaften gegenwärtig Eingang in die Ingenieurwissenschaften, insbesondere der Robotik. Aus diesem Grund folgten Anpassungen bzw. Erweiterungen der ursprünglichen Definition von Tensegrity. Nach [SO09] können die Knoten der Tensegrity Struktur mehrere Drucksegmente enthalten und werden in entsprechende Unterklassen eingeteilt. Treten demnach maximal s Drucksegmente an einem Knoten auf, handelt es sich um eine Klasse s Tensegrity Struktur. Infolge dieser Erweiterung wird vorausgesetzt, dass alle Drucksegmente bzw. alle Drucksegmentgruppen ausschließlich indirekt durch Zugsegmente miteinander verbunden sind. In [Böh16] werden zusätzlich vorgekrümmte Drucksegmente betrachtet. Hieraus folgt ein komplexer Beanspruchungszustand für die diese Segmente. Die wesentlichen Vorteile von Tensegrity Strukturen bleiben jedoch auch infolge dieser Erweiterung erhalten. In Abb. 2.1 sind verschiedene Beispiele von Tensegrity Strukturen abgebildet. Hierbei ist zu beachten, dass Abb. 2.1 c gemäß der ursprünglichen Definition keine Tensegrity Struktur darstellt. Erst infolge der erwähnten Erweiterungen ist die Klassifizierung dieser Struktur als Tensegrity legitim.

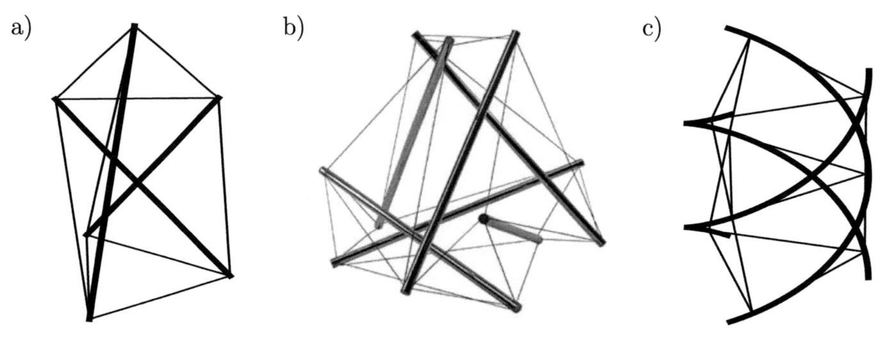

Abbildung 2.1: Beispiele von Tensegrity Strukturen – a) Tensegrity Struktur basierend auf 3 geraden Drucksegmenten (Simplex), b) Tensegrity Struktur basierend auf 6 geraden Drucksegmenten [Sne15], c) Tensegrity Struktur basierend auf 3 vorgekrümmten Drucksegmenten [Car+19].

Die Diskussion über den eigentlichen Erfinder von Tensegrity Strukturen hält bis heute an. Die in dieser Arbeit diesbezüglich geschilderten Zusammenhänge geben nur die allgemein vorherrschenden Ansichten wider. Meist wird der US-amerikanische Architekt Richard Buckminster Fuller als Erfinder von Tensegrity Strukturen tituliert. Dessen eigentlicher Forschungsschwerpunkt war die Entwicklung von energie- und/oder materialeffizienten Konstruktionen (z.B. geodätische Kuppeln), welche er unter der Bezeichnung *Dymaxion* (**Dy**namic **max**imum tens**ion**; engl.: dynamisch maximale Zugspannung) vermarktete. Im Sommer 1948 traf Fuller als Dozent am Black Mountain College auf den damaligen Kunststudenten Kenneth Snelson. Inspiriert durch die Ansätze Fullers, entdeckte Snelson durch „spielerisches Experimentieren“ mit neuartigen Skulpturen das Tensegrity Prinzip [Sne96]. Dessen erste Tensegrity Struktur, das sogenannte *X-Piece* [Sne65], ist in Abb. 2.2 a abgebildet. Als Snelson diese Struktur Fuller im Sommer 1949 zeigte, erkannte dieser darin einen systematischen Ansatz zur Realisierung materialeffizienter Konstruktionen. Fuller entwickelte in den folgenden Jahren diese Idee weiter, zeigte verschiedene Strukturen auf Ausstellungen [Sne96] und veröffentlichte diese erstmals 1961 [Ful61]. Es folgte ein Patent diverser Strukturen in 1962 unter der Bezeichnung *Tensile-Integrity Structures* [Ful62]. Snelson wurde hierbei nicht von Fuller erwähnt. Fuller entwarf in den Folgejahren diverse Konstruktionen sowie kugelförmige Tensegrity Strukturen. In Abb. 2.3 a ist eine von Fuller entworfene Tensegrity Kugel bestehend aus 90 Drucksegmenten abgebildet. Eine seiner bekanntesten Konstruktionen ist in Abb. 2.3 b dargestellte der Tensegrity Dome. Fuller war weiterhin für die Namensschöpfung *Tensegrity* verantwortlich. Snelson hingegen war an der Entwicklung von Skulpturen basierend auf dem Tensegrity Prinzip interessiert. Er betrachtete das *X-Piece* als Grundbaustein um durch entsprechende Kaskadierung größere Konstruktionen, wie beispielsweise Abb. 2.2 b, zu entwickeln. Das *X-Piece* sowie die Idee der Kaskadierung wurden 1965 patentiert [Sne65]. Die Uneinigkeiten zwischen Fuller und Snelson in den folgenden Jahren über die Erfindung dieser Strukturen geht aus deren Briefwechseln hervor [App96; Sne96].

a) b)

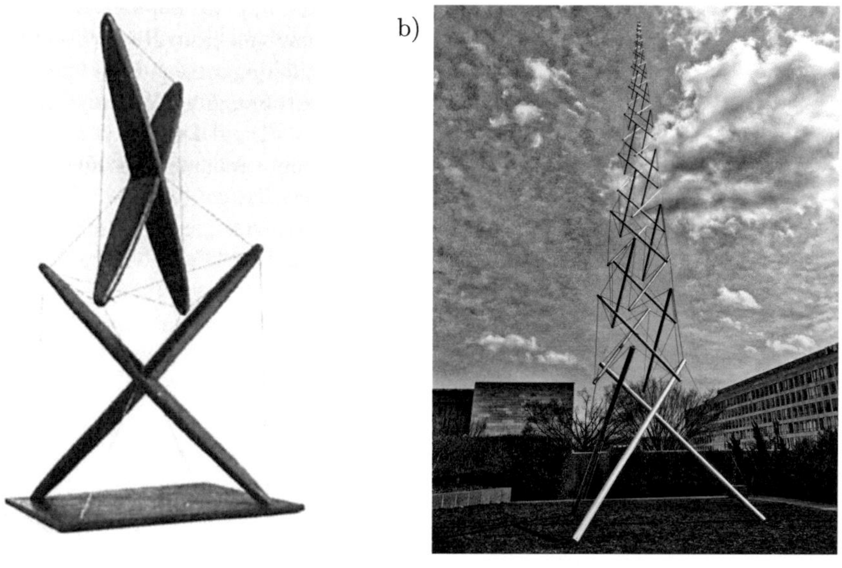

Abbildung 2.2: Tensegrity Strukturen von Kenneth Snelson – a) Erste Tensegrity Struktur *X-Piece* von Snelson im Dezember 1948 [Sne96], b) *Needle Tower* im Hirshhorn Museum and Sculpture Garden, Washington, D.C., United States entwickelt in 1963 [3].

a) b)

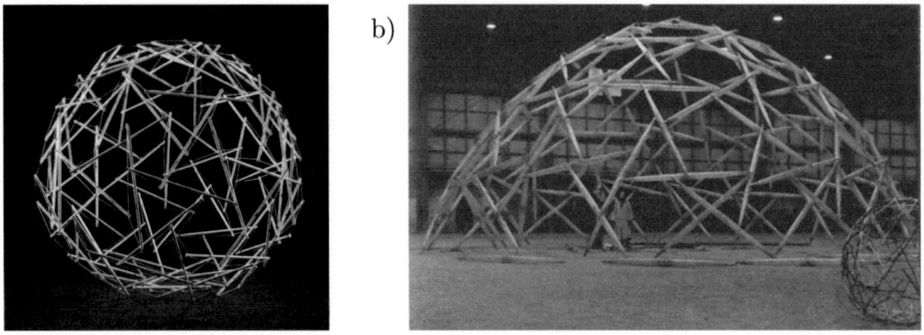

Abbildung 2.3: Tensegrity Strukturen von Richard Buckminster Fuller – a) Tensegrity Kugel bestehend aus 90 Drucksegmenten entwickelt in 1953 [4], b) Tensegrity Dome entwickelt in 1953 [FKL+99].

Es ist zu beachten, dass derartige Strukturen bereits vor der Erfindung von *Tensegrity* bekannt waren. Außerdem bezeichnete Fuller viele seiner zuvor entwickelten materialeffizienten Konstruktionen rückwirkend als *Tensegrity*. Die ersten Strukturen, welche das Tensegrity-Prinzip berücksichtigen, sind auf den lettischen Avantgarde-Künstler Karl Ioganson zurückführen [Emm88; Mot03; Gom09]. Eine seiner prototypischen Strukturen, die sogenannte *Gleichgewichtskonstruktion* wurde 1920 entworfen und ist in Abb. 2.4 abgebildet. Weiterhin ist der aus Ungarn stammende Architekt David Georges Emmerich unbedingt im Zusammenhang mit der Erfindung von Tensegrity zu erwähnen. Dieser entdeckte 1959, unabhängig von Fuller und Snelson, inspiriert durch Iogansons Arbeiten das Tensegrity-Prinzip. Er untersuchte prismatische und komplexere Strukturen, welche er als *structures tendues et autotendants* (franz.: gespannte und selbsttragende Strukturen) bezeichnete. Diese patentierte er im Jahre 1964 [Emm64]. Eine seiner Konstruktionen ist in Abb. 2.5 dargestellt. Abschließend ist zu betonen, dass eine eindeutige Stellungnahme zur Deklarierung des Erfinders bzw. Entdeckers dieser Strukturen nicht möglich ist.

Abbildung 2.4: *Gleichgewichtskonstruktion* von Karl Ioganson (1920) [5].

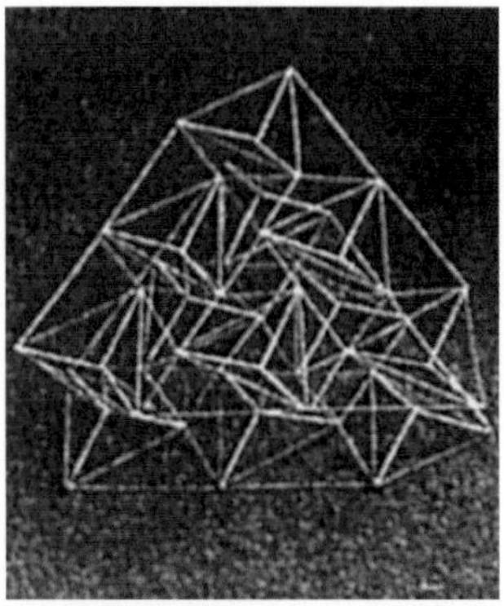

Abbildung 2.5: Tensegrity Struktur von David Georges Emmerich (1959) [Emm96].

2.2 Anwendungsgebiete von Tensegrity Strukturen

Seit der Entdeckung des Tensegrity-Prinzips fanden diese Strukturen Zugang zu zahlreichen Forschungsbereichen und haben sich bis heute in verschiedensten Anwendungsgebieten etabliert. Innerhalb dieser Arbeit liegt das Hauptaugenmerk auf Applikationen im ingenieurtechnischen Bereich, insbesondere dem Anwendungsfeld der Robotik. Dennoch wird der Vollständigkeit halber ein Überblick über die Anwendungen von Tensegrity Strukturen in der modernen Kunst, Architektur und Biologie gegeben.

2.2.1 Tensegrity Strukturen in der Kunst, Architektur und Biologie

Die imposante Gestalt von Tensegrity Strukturen führte zu einer Etablierung im Bereich der modernen Kunst. Dies lässt sich weiterhin durch die Arbeiten und Ansätze von Kenneth Snelson begründen, dessen ursprüngliche Idee die Entwicklung neuartiger Skulpturen war. So sind mittlerweile weltweit zahlreiche Tensegrity Skulpturen, verschiedene Tensegrity Ausstellungen und eigenständige Abteilungen in Kunstmuseen bezüglich Tensegrity Strukturen zu finden. In Abb 2.6 sind exemplarisch drei Tensegrity-Kunstwerke dargestellt.

a) b) c)

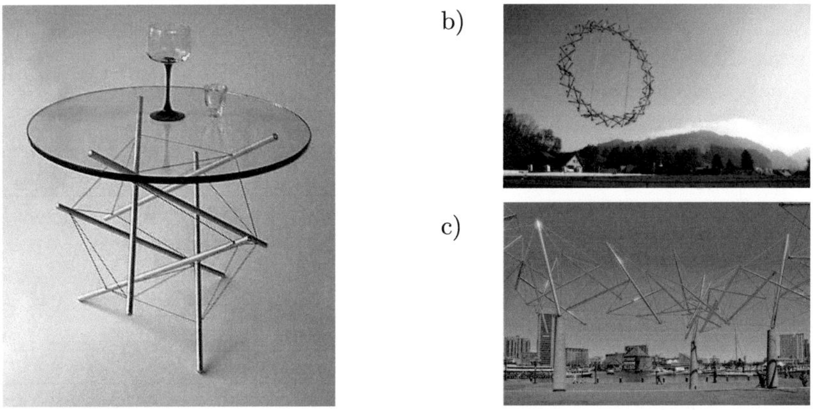

Abbildung 2.6: Tensegrity Strukturen in der modernen Kunst – a) Kaffeetisch von Richard König [6], b) Tensegrity Torus (Durchmesser 14.8 m) von Filippo Broggini in Trubschachen (Schweiz) [7], c) Tensegrity Skulptur vor dem Maryland Science Center Baltimore (USA) [8].

Aufgrund der Arbeiten des Architekten Richard Buckminster Fuller sind Tensegrity Strukturen bis heute in verschiedenen Bauwerken zu finden. Fuller zeigte anderen Architekten durch seine Forschungsergebnisse neuartige effiziente Möglichkeiten des Konstruierens auf. Diese stellten eine Kontroverse zu den bisherigen architektonischen Ansätzen dar. Zuvor wurden Konstruktionen meist auf Druck beansprucht.

Um ein Ausknicken und damit einen Kollaps der Strukturen zu verhindern, war das Verhältnis von Länge zu Querschnitt begrenzt. Dementsprechend waren die letzten Jahrhunderte durch massive Bauwerke geprägt. Tensegrity Strukturen enthalten auch zugbeanspruchte Segmente. Das limitierende Verhältnis von Länge zu Durchmesser ist bei Zugsegmente wesentlich größer und wird weiterhin durch neuartige Materialien, wie beispielsweise faserverstärkte Kunststoffe, gesteigert. Durch den Einsatz von Zugsegmenten und aufgrund des strukturellen Aufbaus ermöglichen Tensegrity Strukturen einen Leichtbau von Tragwerken [OSC06; Ske+14; CSF15]. Inspiriert durch Fuller nutzen weitere Architekten das Tensegrity-Prinzip und Erweiterungen (z.B. der Ersatz von den bisherigen geradlinigen Zugsegmenten durch Membranen) in der Architektur. So ist das Tensegrity-Prinzip heutzutage unter anderem in Form von Brücken (Abb. 2.7 a), Türmen, Dachkonstruktionen, Stadien (Abb. 2.7 b), etc. zu finden. Eine detaillierte Betrachtung von Tensegrity Strukturen in der Architektur ist in [Gom04] gegeben.

a) b)

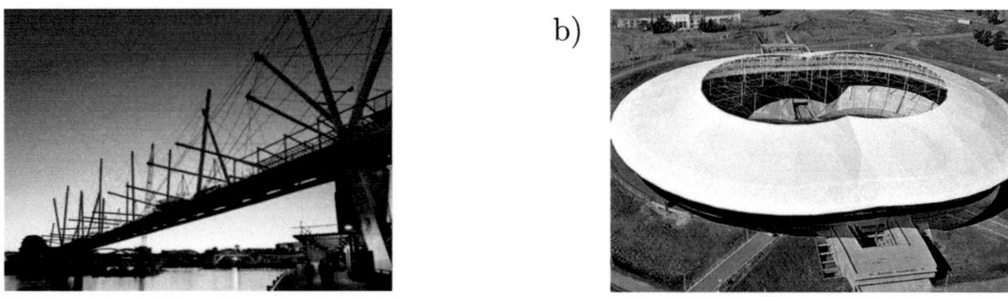

Abbildung 2.7: Tensegrity-Prinzip in der Architektur – a) Kurilpa Brücke in Brisbane (Australien) in 2009 [9], b) La Plata Stadium in Buenos Aires (Argentinien) von Roberto Ferreira in 2003 [10].

An dieser Stelle ist unbedingt die Formvariabilität von Tensegrity Strukturen und deren Vorteil für die Architektur hervorzuheben. Durch äußere Belastungen können die Zugsegmente entlastet und diese Strukturen sogar „zusammengefaltet“ werden. Dieses Prinzip wird unter anderem bei Wurf- bzw. Sekundenzelten genutzt. Nach dem Entfernen der äußeren Last „entfaltet“ sich das Zelt und ermöglicht einen zügigen Aufbau. Einer der ersten Prototypen eines Wurfzelts ist in Abb. 2.8 dargestellt. Dieses Prinzip kann allgemein auf Tragwerke angewandt werden und somit einen vereinfachten Transport im „zusammengefalteten“ Zustand ermöglichen. In [Tib02] wird die Nutzung von Tensegrity Strukturen für tragbare bzw. selbstentfaltende Strukturen in der Luft- und Raumfahrt betrachtet.

Abbildung 2.8: Prototyp eines Wurfzelts entworfen von Howe Design Group in 1996 [11].

Die Nutzung von Tensegrity Strukturen zur Modellbildung in Bereichen der Biologie wird als *Biotensegrity* bezeichnet [Sca14; Swa13]. Erste Arbeiten auf diesem Gebiet begannen in den 1970ern mit der mechanischen Beschreibung der menschlichen Wirbelsäule [Rob77]. In den 1980ern betrachteten Forscher ebenfalls Zellen als Tensegrity Stukturen [IJ85]. Dementsprechend können auch Einzeller wie Amöben durch Tensegrity Strukturen modelliert werden [SI09]. In den folgenden Jahren wurden diese Strukturen sowohl auf Molekularebene [Lie+10; ZG03], Zellebene [Ing93; Ing98], Gewebeebene [GI07; MI10] und Organismenebene [Mai07; Lev81] genutzt. Auch tierische Organismen werden auf Basis von Tensegrity Strukturen untersucht. So werden beispielsweise Spinnennetze [KJ04; SO09] und das Genick von Vögeln [Abo+19; Fur+18; Fas+19] durch Tensegrity Strukturen beschrieben.

2.2.2 Tensegrity Strukturen in der Robotik

Tensegrity Strukturen eignen sich aufgrund ihrer vorteilhaften Eigenschaften ebenfalls für Applikationen in Bereichen der Ingenieurwissenschaften. Insbesondere die Formvariabilität und Schockresistenz dieser Strukturen legitimieren deren Einsatz in technischen Systemen. Im Gegensatz zu Künstlern, deren kreative Skulpturen auf Intuition und Probieren basieren, streben die Ingenieure eine systematische Auslegung von Tensegrity Strukturen an. Die Bestimmung der resultierenden Gestalt der Tensegrity Struktur infolge der Vorspannung, auch als Gleichgewichtskonfiguration bezeichnet, wird als *Formfindung* bezeichnet und wird seither intensiv erforscht [Emm59; Cal78; RW81; MNJ87; OW97; SS97; KKM99; VM99; MN01; MSG05; ZMM06; Uzu17; Mog+18]. Neben Anwendungen im Tragwerksbau verfolgen Ingenieure ebenso den Einsatz von Tensegrity Strukturen in dynamischen Systemen. Hierzu ist neben der Gleichgewichtskonfiguration ebenso eine Betrachtung der dynamischen Eigenschaften der Struktur erforderlich. Diverse Ansätze zur Beschreibung der Dynamik dieser Strukturen entstanden erst lange nach der Definition von Tensegrity und sind in [CW92; CW96; OW00; OW01a; OW01b; MN00; Mur01; SPM01; SCS02; Ske05] formuliert.

Unter anderem werden Tensegrity Strukturen als Mechanismen genutzt [SCS00; Bak05; Ars06; GLS19]. Durch eine Variation der Vorspannung, meist durch Veränderung der Zugsegmentlängen, kann der Mechanismus angesteuert werden und die resultierende Gleichgewichtskonfiguration beeinflusst werden. Auch nachgiebige Tensegrity Strukturen haben sich auf diesem Anwendungsgebiet etabliert. Hierbei werden die Zugsegmente durch verformbare Elemente, meist in Form von Zugfedern, realisiert, sodass infolge der ausgeprägten Nachgiebigkeit große elastische Verformungen möglich sind [Cra+08; Boe+15]. Die Entwicklung von Aktuierungsstrategien, kinematische Betrachtungen und Arbeitsraumberechnungen für Tensegrity Mechanismen sind in [AG08; MA11; JLL14; Boe+17; Ars19] gegeben. Weiterhin ermöglicht die Nutzung von Tensegrity Strukturen die Entwicklung von *zero stiffness* Mechanismen [SHG06; SGH07]. Derartige Mechanismen erlauben einen widerstandslosen Konfigurationswechsel ohne Vorhandensein einer entsprechenden Lagerung.

Inspiriert durch die Fortbewegung von Amöben, die durch Tensegrity Strukturen beschrieben werden können [Ing93; Ing98; SI09], fanden Tensegrity Strukturen ebenfalls den Zugang zur mobilen Robotik [Jah09]. Durch die Nutzung von Tensegrity Strukturen ist ein vereinfachtes Systemdesign der Lokomotionssysteme möglich, wobei gleichzeitig die vorteilhaften Eigenschaften, wie Schockresistenz und Anpassung der äußeren Form sowie der mechanischen Eigenschaften, genutzt werden können. Erste Ansätze für Lokomotionssysteme auf Basis von Tensegrity Strukturen sind in [PVL06; Rie+07; SH10; ZB10] gegeben. Verschiedene prototypische Realisierungen derartiger Lokomotionssysteme sind in [Böh+11; Böh+12] dargestellt (Abb. 2.9). Auch nachgiebi-

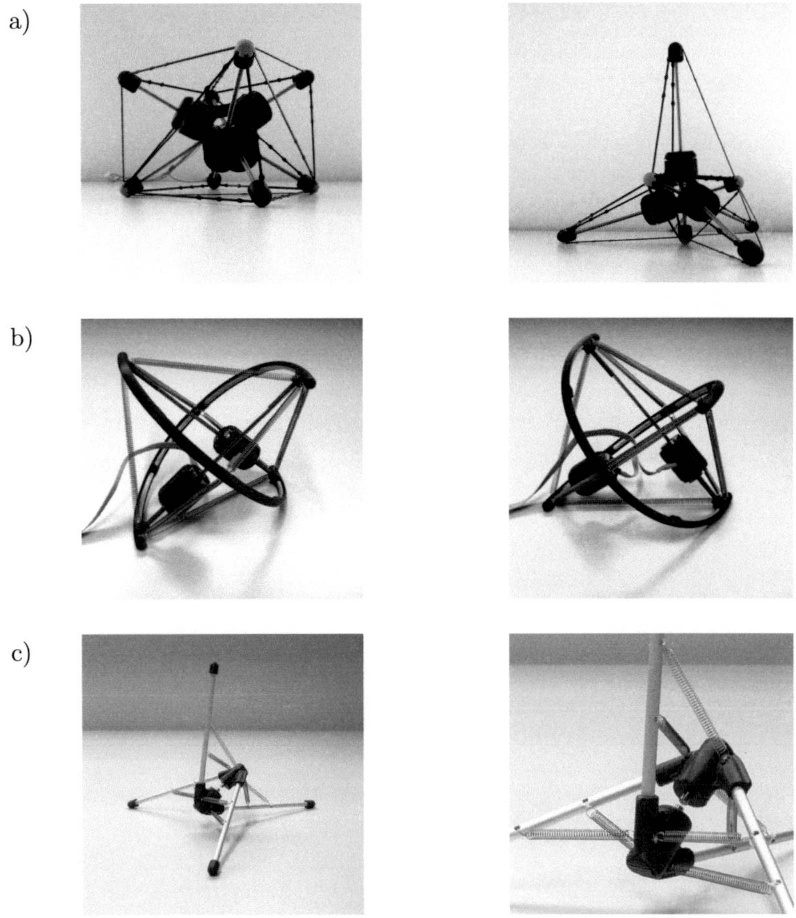

Abbildung 2.9: Prototypen von Lokomotionssystemen auf Basis von Tensegrity Strukturen [Böh+11] – a) kippende Lokomotion durch Formänderung, b) rollende Lokomotion durch Bewegung interner Massen, c) vibrationsbasierte Lokomotion durch Aktuierung mittels Elektromagnet.

ge Tensegrity Strukturen haben sich auf diesem Gebiet etabliert [Cal+13; RM18]. Der Einsatz von *Soft Materials* zur Realisierung der nachgiebigen Zugsegmente ist ebenfalls möglich und wird in [Zap+17; Zap+19; Wan+19] betrachtet. Insbesondere die Ikosaeder-Topologie wird zur Realisierung einer kontrollierbaren Fortbewegung häufig theoretisch [Sun+13] sowie experimentell in Form von Prototypen [KSH12; Kim+14; Bru+14a; Bru+14b; Sab+15; ASA18] untersucht. Dabei wird der Vorspannungszustand durch Variation der Zugsegmentlängen beeinflusst. Dadurch wird die äußere Form der Tensegrity Struktur verändert. Durch entsprechende Aktuierungsstrategien kann die Schwerpunktlage derart gesteuert werden, dass ein Kippen der Struktur resultiert [Sch+18d; Sur+19]. Eine Wiederholung der Kippsequenz führt zu einer kontrollierbaren Fortbewegung. Hierbei sind die Forschungsarbeiten der NASA hervorzuheben. Diese untersuchen ebenfalls den Einsatz von Tensegrity Strukturen zur Erforschung fremder Planeten. Einer dieser Prototypen ist in Abb. 2.10 a abgebildet.

a) b)

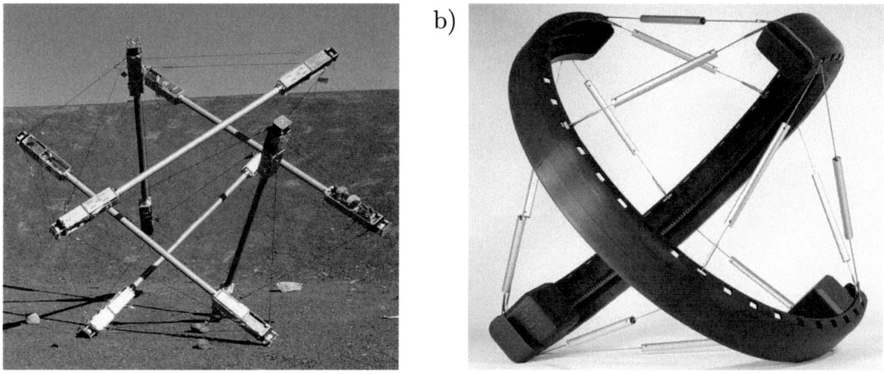

Abbildung 2.10: Prototypen von Tensegrity Strukturen zur Realisierung einer Fortbewegung auf Basis der Schwerpunktverlagerung – a) SUPERball der NASA [Sab+15], kippende Fortbewegung durch Variation der Vorspannung, b) rollende Fortbewegung durch Bewegung innerer Massen [Böh+16].

Die theoretische Betrachtung sowie die prototypische Umsetzung einer rollenden Tensegrity Struktur wird in [Böh+16; Kau17] vorgestellt. Die Tensegrity Struktur enthält hierbei vorgekrümmte Drucksegmente und die Fortbewegung basiert auf der Schwerpunktverlagerung der Struktur, welche durch die Ansteuerung von internen beweglichen Massen realisiert wird. Dieser Prototyp ist in Abb. 2.10 b abgebildet. Die dazugehörigen experimentellen Untersuchungen sind in [Kau+17; Kau17] gegeben.

Verschiedene Ansätze für kriechende Lokomotionssysteme auf Basis von Tensegrity Strukturen werden in [SSH09; Tie+13; Mir+14] vorgestellt. Diese Lokomotion ist unter anderem durch die Fortbewegung von Raupen inspiriert [RTL08; Ork+10; Ork+11; Ork+12]. Ein Prototyp der Technischen Universität Ilmenau (Forschergruppe Böhm) eines kriechenden Lokomotionssystem für Rohrsysteme auf Basis einer Tensegrity Struktur ist in Abb. 2.11 abgebildet. Die Fortbewegung basiert ebenfalls auf der Formänderung der Struktur. Durch eine entsprechende Aktuierung können einzelne Segmente der Struktur sich mit dem umgebenden Rohr verklemmen. Gleichzeitig steuern andere Teile der Tensegrity Struktur den Abstand zwischen diesen Segmenten. Dieses peristaltische Lokomotionsprinzip wurde von der Bewegung von Regenwürmern inspiriert [ZZB09; SB12].

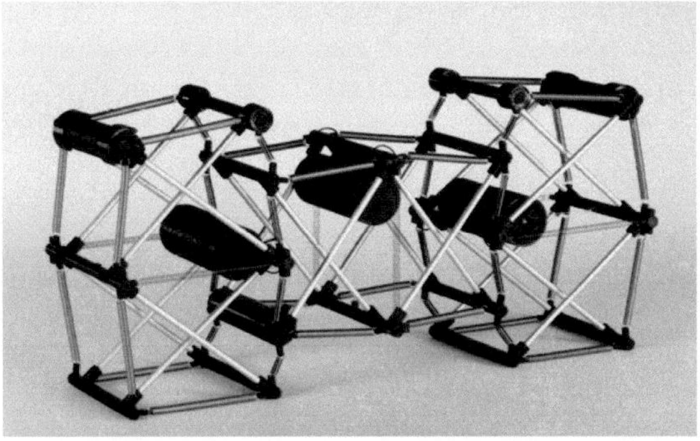

Abbildung 2.11: Wurmartiges Lokomotionssystem auf Basis einer Tensegrity Struktur für die Fortbewegung in Rohr- und Schachtsystemen (Forschergruppe Böhm).

Ein springendes Lokomotionssystem, welches auf einer Tensegrity Struktur basiert, wird in [Kim+16] betrachtet. Hierbei spielt die Tensegrity Struktur jedoch eine untergeordnete Rolle. Das Abheben des Systems wird durch eine zusätzliche in der Struktur integrierten Düse realisiert. Lediglich bei der Landung wird aufgrund der Kollision der Struktur mit dem Untergrund die Schockresistenz der Tensegrity Struktur ausgenutzt.

Multistabile Tensegrity Strukturen ermöglichen mehrere stabile Gleichgewichtskonfigurationen. Diese spezielle Unterklasse von Tensegrity Strukturen ist in [XL10; Zha+11; Mic13; Böh16] beschrieben. In Abb. 2.12 ist ein Demonstrator einer multistabilen Tensegrity Struktur in dessen unterschiedlichen Gleichgewichtskonfigurationen dargestellt. Die Einführung derartiger Strukturen eröffnet ein völlig neues Entwicklungsfeld. Viele bereits erforschte Themenkomplexe müssen deshalb erneut betrachtet werden. So ist beispielsweise die Formfindung dieser Strukturen zu erweitern. Für multistabile Tensegrity Strukturen ist es nicht ausreichend eine stabile Konfiguration zu bestimmen, sondern möglichst alle stabilen Konfigurationen zu detektieren [Böh+17; Cai+18]. Multistabile Tensegrity Strukturen ermöglichen aufgrund der unterschiedlichen stabilen Konfigurationen zusätzlich eine diskrete Anpassung ihrer mechanischen Eigenschaften. Folglich sind ebenfalls alle bisherigen Aktuierungsstrategien zur Konfigurationskontrolle der Tensegrity Struktur zu überdenken.

Abbildung 2.12: Unterschiedliche stabile Gleichgewichtskonfigurationen einer multistabilen Tensegrity Struktur [Böh16].

In [SBZ17; Sum18] werden multistabile Tensegrity Strukturen für die Greiferapplikation betrachtet. Die genutzten Tensegrity Strukturen verfügen dabei über mindestens 2 stabile Gleichgewichtskonfigurationen. Diese Konfigurationen entsprechen dem geschlossenen, sowie dem geöffneten Zustand des Greifers. Durch diesen Ansatz kann die Effizienz des Greifens gesteigert werden. Durch eine geeignete Auslegung des Greifers, wird die Greifkraft durch die Vorspannung der Tensegrity Struktur erzeugt. Demnach ist während des Greifens keine äußere Energiezufuhr notwendig. Lediglich für den Wechsel zwischen den stabilen Konfigurationen, d. h. beim Öffnen und Schließen des Greifers, ist eine Aktuierung erforderlich. Verschiedene Aktuierungsstrategien werden in [Sum+17; Sum+18] untersucht. Der Prototyp eines Greifers, der auf einer multistabilen Tensegrity Struktur basiert, ist in Abb. 2.13 abgebildet.

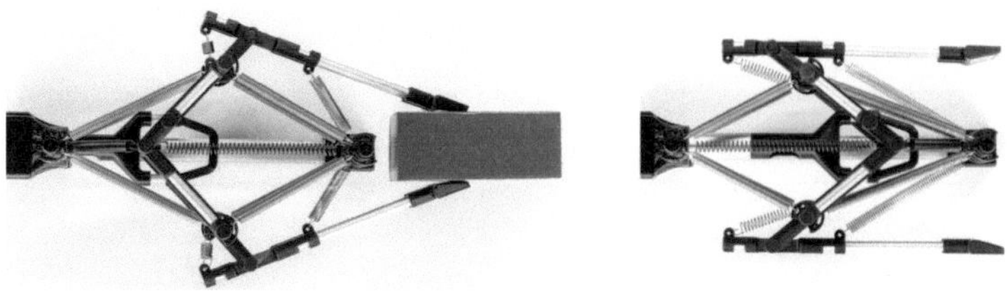

Abbildung 2.13: Greifers auf Basis einer multistabilen Tensegrity Struktur [Sum18].

Auch im Bereich der mobilen Robotik ist die Nutzung von multistabilen Tensegrity Strukturen denkbar. Vielmehr motivieren die diskrete Anpassung der mechanischen Eigenschaften infolge des Konfigurationswechsels sowie das vielfältige Potential durch neuartige Aktuierungsstrategien den Einsatz als Lokomotionssystem. Allerdings sind bisher keine Arbeiten hinsichtlich der Applikation von multistabilen Tensegrity Strukturen als Lokomotionssystem bekannt. Lediglich in [Böh16] werden drei Forschungsrichtungen von multistabilen Tensegrity Strukturen für die mobile Robotik empfohlen:

1. **Vibrationsbasierte Lokomotion auf Basis multistabiler Tensegrity Strukturen:** Durch die Multistabilität können bei einer periodischen Aktuierung der Tensegrity Struktur zusätzliche Vibrationsmoden, wie beispielsweise ein periodischer Wechsel zwischen den stabilen Konfigurationen auftreten. Weiterhin kann durch die diskrete Anpassung der strukturdynamischen Eigenschaften infolge des Konfigurationswechsel die Lokomotionscharakteristik variiert werden. So ist beispielsweise eine Kontrolle der Fortbewegungsrichtung durch Wahl der aktuellen Gleichgewichtskonfiguration bei identischer Aktuierungsstrategie möglich. Diese Ansätze sind in Abb. 2.14 dargestellt.

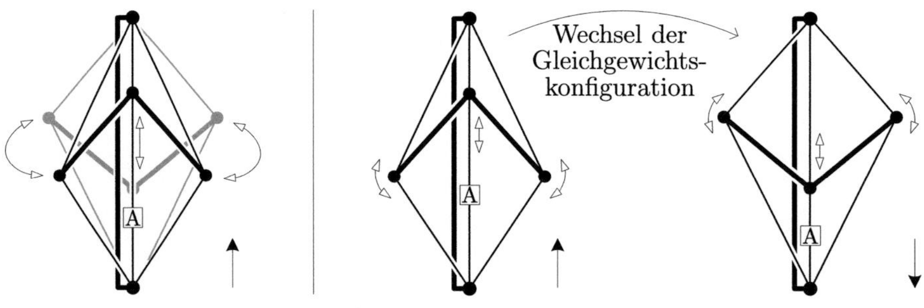

Abbildung 2.14: Vibrationsbasiertes Lokomotionssystem auf Basis einer multistabilen Tensegrity Struktur; zusätzliche Vibrationsmode und verschiedene Lokomotionsformen für die unterschiedlichen stabilen Gleichgewichtskonfigurationen [Böh16].

2. **Bewegungssysteme mit wählbarer Lokomotionsform:** Multistabile Tensegrity Strukturen können in den verschiedenen Gleichgewichtskonfigurationen über komplett unterschiedliche äußere Formen verfügen. Diese verschiedenen

Geometrien legen unterschiedliche Lokomotionsprinzipien nahe. D. h. die verschiedenen Gleichgewichtskonfigurationen korrespondieren mit unterschiedlichen Fortbewegungsprinzipien. Demnach ist eine Nutzung des multistabilen Charakters der Tensegrity Struktur zur Realisierung eines multimodalen Lokomotionssystems denkbar. Dieser Ansatz ist in Abb. 2.15 veranschaulicht.

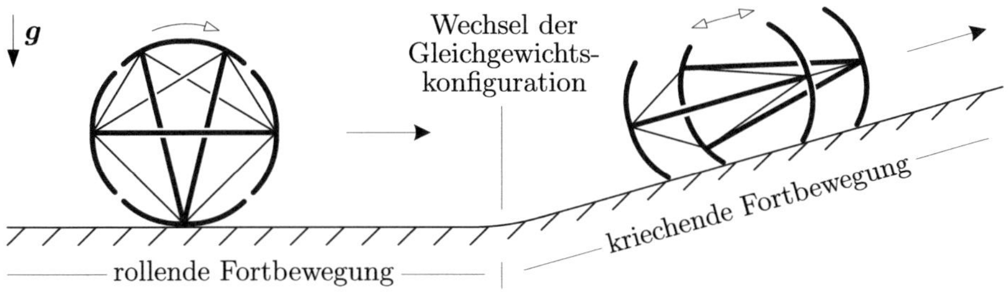

Abbildung 2.15: Multimodales Lokomotionssystem auf Basis einer multistabilen Tensegrity Struktur mit rollender Lokomotion und kriechender Lokomotion [Böh16].

3. **Hochgradig formvariable Lokomotionssysteme:** Die Nutzung von multistabilen Tensegrity Strukturen zur Realisierung einer Fortbewegung infolge des Konfigurationswechsels stellt einen weiteren Forschungsansatz dar. Hierbei kann aufgrund des Wechsels in eine andere stabile Gleichgewichtskonfiguration die Schwerpunktlage eine kritische Position überschreiten, sodass ein Umkippen der Struktur auftritt. Durch wiederholte Konfigurationswechsel kann eine kontrollierbare Lokomotion resultieren. Dieser Ansatz ist in Abb. 2.16 dargestellt.

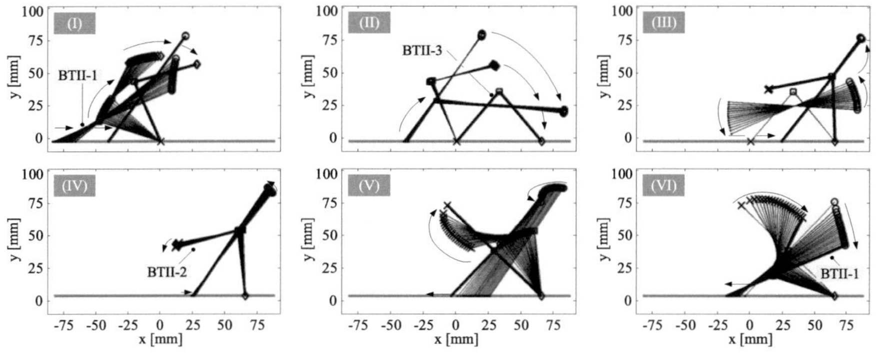

Abbildung 2.16: Hochgradig formvariable Lokomotionssystem auf Basis einer multistabilen Tensegrity Struktur; kippende Fortbewegung infolge des Konfigurationswechsels zwischen stabilen Gleichgewichtslagen [Böh16].

Diese drei vorgestellten Ansätze sind bisher noch vollends unerforscht und stellen ein großes Forschungspotential für die Entwicklung von neuartigen Lokomotionssystemen in der mobilen Robotik dar.

2.3 Einordnung der Arbeit

Diese Arbeit setzt direkt an den empfohlenen Forschungsrichtungen multistabiler Tensegrity Strukturen aus [Böh16] an. Es wird der Einsatz von multistabilen Tensegrity Strukturen im Bereich der mobilen Robotik angestrebt. In dieser Arbeit werden die Betrachtungen auf nachgiebige Tensegrity Strukturen beschränkt. Die Formvariabilität wird dabei durch die Nutzung von elastischen Zugsegmenten realisiert. Es werden Topologien inspiriert durch [Böh16] genutzt und die mit der Multistabilität verbundenen Vorteile für die Realisierung von Lokomotionssystemen herausgearbeitet. Neben theoretischen Betrachtungen werden ebenfalls Simulationen sowie die Entwicklung eines Prototyps zur experimentellen Verifikation fokussiert. Hierbei werden die drei zuvor genannten Forschungsrichtungen verfolgt. Zusätzlich sind die Entwicklung von zuverlässigen Aktuierungsstrategien zur Kontrolle der aktuellen Gleichgewichtskonfiguration erforderlich. Die Problemstellungen werden dabei stets unter dem mechanischen Aspekt bearbeitet. Diese Gesichtspunkte grenzen diese Arbeit klar von den Forschungsschwerpunkten anderer Forschergruppen ab. Diese Dissertation ist als ein Ansatz zur Nutzung von multistabilen Tensegrity Strukturen in der mobilen Robotik zu verstehen. Diese Arbeit kann als Grundlage für weitere Forschungsarbeiten zur Optimierung und Weiterentwicklung von Lokomotionssystemen auf Basis Tensegrity Strukturen mit mehreren stabilen Gleichgewichtskonfigurationen genutzt werden. Innerhalb der Forscherguppe um Valter Böhm ist diese Arbeit die dritte Dissertation bezüglich Tensegrity Strukturen. In [Kau17] wurde der Einsatz von Tensegrity Strukturen mit einer stabilen Gleichgewichtskonfiguration für Lokomotionssysteme in der mobilen Robotik betrachtet. Die Dissertation [Sum18] thematisierte die Nutzung von multistabilen Tensegrity Strukturen für Greiferanwendungen. In dieser Dissertation wird die Anwendung von multistabilen Tensegrity Strukturen zur Realisierung von Lokomotionssystemen in der mobilen Robotik fokussiert.

Kapitel 3

MECHANISCHE MODELLIERUNG VON TENSEGRITY STRUKTUREN

Dieses Kapitel ist der mechanischen Modellierung von Tensegrity Strukturen gewidmet. Im Folgenden werden verschiedene Modellierungsansätze vorgestellt. Hierbei werden Methodiken aus den Bereichen der Analytischen Mechanik und Mehrkörperdynamik zur Beschreibung der statischen und dynamischen Eigenschaften dieser Strukturen genutzt. Da es sich bei Tensegrity Strukturen um vorgespannte Fachwerke handelt, können ebenfalls bekannte Ansätze und Erkenntnisse aus dem konventionellen Fachwerksbau [GHS13] genutzt werden. Die theoretischen Ansätze werden stets an simplen Tensegrity Strukturen veranschaulicht, sind jedoch auch für beliebig komplexe Strukturen gültig.

3.1 Struktureller Aufbau

Der strukturelle Aufbau von Tensegrity Strukturen, im Folgenden als Topologie bezeichnet, ist von fundamentaler Bedeutung. Die Topologie ist neben den mechanischen Parametern der Segmente entscheidend für die statischen und dynamischen Eigenschaften der Struktur. Unter dem strukturellen Aufbau ist hierbei die Konnektivität der verschiedenen Segmente zu verstehen. Diese geradlinigen Elemente sind an deren Endpunkten, im Folgenden als Knotenpunkte bezeichnet, miteinander drehbar verbunden. Zur systematischen Betrachtung wird eine beliebige Tensegrity Struktur vorausgesetzt, die aus n Segmenten besteht, die in N Knotenpunkten gelenkig miteinander verbunden sind.

Tensegrity Strukturen repräsentieren eine spezielle Klasse von vorgespannten Tragwerken. Hierbei werden die geradlinigen Segmente der Struktur ausschließlich auf Zug oder Druck beansprucht. Die Segmente werden entsprechend der Beanspruchung im Gleichgewichtszustand als Drucksegmente oder als Zugsegmente klassifiziert. Diese Einteilung gilt jedoch nicht für die später betrachteten multistabilen Strukturen, da sich der Beanspruchungszustand der Segmente in verschiedenen Gleichgewichtskonfigurationen unterscheiden kann. Aus diesem Grund wird die Klassifizierung der Segmenttypen angepasst. In dieser Arbeit wird ein Segment der Tensegrity Struktur als Zugsegment klassifiziert, sofern in allen betrachteten Gleichgewichtskonfigurationen im Segment ausschließlich Zugspannungen vorliegen. Andernfalls wird das Segment als Drucksegment bezeichnet. Im Allgemeinen besteht die Tensegrity Struktur aus m Drucksegmenten ($m < n$) und $n - m$ Zugsegmenten. Für die anschauliche Darstellung des strukturellen Aufbaus werden die Knotenpunkte i beliebig nummeriert ($i = 1, 2, \ldots, N$). Bei der Nummerierung der Segmente j wird lediglich gefordert, dass zuerst die Drucksegmente ($j = 1, 2, \ldots, m$) und anschließend die Zugsegmente ($j = m + 1, m + 2, \ldots, n$) berücksichtigt werden. Dieses Vorgehen wird beispielhaft an einer zweidimensionalen Tensegrity Struktur (Dimension $D = 2$) in Abb. 3.1 veranschaulicht. Diese Struktur besteht aus $n = 6$ Segmenten, die in $N = 4$ Knoten verbunden sind. Es wird angenommen, dass die skizzierte Konfiguration eine Gleichgewichtskonfiguration darstellt in der ausschließlich die diagonal angeordneten Segmente auf Druck beansprucht werden. Demnach setzt sich die Tensegrity Struktur aus $m = 2$ Drucksegmenten und $n - m = 4$ Zugsegmenten zusammen. Die Knoten- und Segmentnummerierung wird entsprechend Abb. 3.1 gewählt.

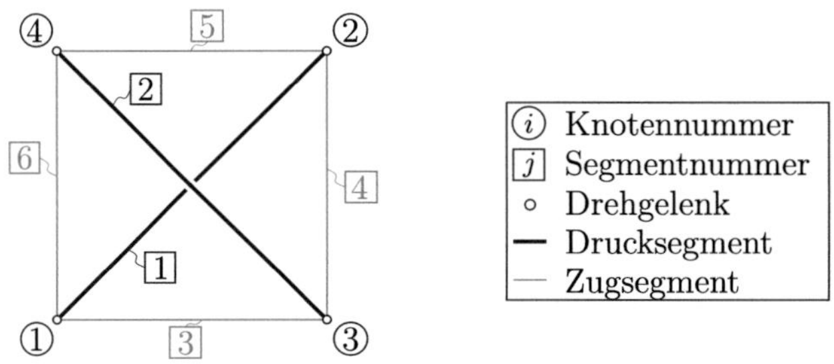

Abbildung 3.1: Zweidimensionale Tensegrity Struktur zu Veranschaulichung der Topologie.

Zur kompakten Darstellung der Topologie der Tensegrity Struktur wird die Inzidenzmatrix $\mathbf{B}$ ($\mathbf{B} \in \mathbb{R}^{N \times n}$) aus der Graphentheorie genutzt. Jede Spalte der Matrix $\mathbf{B}$ repräsentiert das entsprechende Segment j der Struktur. Die Zeilen beschreiben die Knotenpunkte i. Diese Matrix weist jedem Segment j der Struktur die beiden zugehörigen Knotenpunkte i, die durch die Segmentenden definiert sind, zu. Die entsprechenden Einträge der Matrix sind ± 1. Hierbei berücksichtigt -1 stets die niedrigere Knotennummer, während die $+1$ die höhere Knotennummer beschreibt. Zur Verdeutlichung dieser Vorgehensweise ist die Inzidenzmatrix $\mathbf{B}$ der in Abb. 3.1 dargestellten Tensegrity Struktur in (3.1) formuliert.

$$\mathbf{B} = (b_{ij}) = \begin{array}{c} \begin{matrix} \boxed{1} & \boxed{2} & & \boxed{3} & \boxed{4} & \boxed{5} & \boxed{6} \end{matrix} \\ \left[\begin{array}{cc|cccc} -1 & 0 & -1 & 0 & 0 & -1 \\ +1 & 0 & 0 & -1 & -1 & 0 \\ 0 & -1 & +1 & +1 & 0 & 0 \\ 0 & +1 & 0 & 0 & +1 & +1 \end{array}\right] \end{array} \begin{array}{c} \\ ① \\ ② \\ ③ \\ ④ \end{array} \tag{3.1}$$

Dieses Vorgehen lässt sich auf beliebig komplexe Strukturen anwenden und wird im Folgenden weiter genutzt. Bei der Wahl der Topologie wird entsprechend des Tensegrity-Prinzips gefordert, dass die Strukturen mindestens zwei Drucksegmente enthalten, die nicht direkt miteinander verbunden sind. Desweiteren gelten die klassischen Gestaltungsrichtlinien gemäß [SO09; ZO15].

3.2 Modellierung der Segmente

Hinsichtlich der Realisierung der Segmente der Tensegrity Struktur gibt es wenige Einschränkungen. Es ist zu beachten, dass die Zugsegmente keine Drucksteifigkeit besitzen. Außerdem muss ein Ausknicken der Drucksegmente unbedingt vermieden werden, da dies zu einem Kollaps der gesamten Struktur führen kann. Aufgrund des Ursprungs von Tensegrity im Skulpturenbau und der Architektur ist keine signifikante Verformung der Struktur vorgesehen. Aus diesem Grund wird bei der Realisierung der Segmente eine entsprechende mechanische Steifigkeit angestrebt. Meist werden die Drucksegmente durch Aluminium- oder Stahlstäbe umgesetzt und die Zugsegmente durch biegeschlaffe, zugsteife Seile realisiert. Insbesondere im Bereich der Robotik haben sich jedoch auch Tensegrity Stukturen mit ausgeprägter Nachgiebigkeit etabliert. Diese unterscheiden sich von den konventionellen Tensegrity Strukturen hinsichtlich der Realisierung der Zugsegmente. Infolge der Nutzung von Zugsegmenten mit geringer Zugsteifigkeit sind signifikante Verformungen der Struktur möglich. Dadurch erlaubt die Tensegrity Struktur eine entsprechende Formvariabilität, die eine Anpassung an sich ändernde Bedingungen ermöglicht. Für die Realisierung der nachgiebigen Zugsegmente gibt es verschiedene Ansätze. Neben dem Einsatz von Zugfedern ist ebenso die Anwendung von Elastomeren oder *Soft Materials* möglich.
Zur mechanischen Beschreibung der statischen und dynamischen Eigenschaften von Tensegrity Strukturen ist eine Modellbildung notwendig. Dies setzt mechanische Ersatzmodelle der Zug- und Drucksegmente voraus. Hierbei ist aufgrund des unterschiedlichen Verformungsverhaltens zwischen konventionellen Tensegrity Strukturen und nachgiebigen Tensegrity Strukturen zu unterscheiden. Entsprechende Ersatzmodelle werden im Folgenden dargestellt. Die Knotenpunkte werden allgemein als reibungsfreie Gelenke modelliert. Dies entspricht im Dreidimensionalen ($D = 3$) einem Kugelgelenk. Im Zweidimensionalen ($D = 2$) werden die Knotenpunkte als ebene Drehgelenke aufgefasst. Außerdem werden im Folgenden Segmentkollisionen jeglicher Art nicht berücksichtigt.

3.2.1 Modellierung der Drucksegmente

Die Drucksegmente werden sowohl bei konventionellen als auch bei nachgiebigen Tensegrity Strukturen meist durch Stäbe aus Aluminium oder Stahl realisiert. Alternative Realisierungsansätze werden im Folgenden nicht berücksichtigt. Die Drucksegmente werden im mechanischen Ersatzmodell durch homogene schlanke Stäbe beschrieben. Die Länge des Drucksegments j im unbelasteten Zustand ist durch L_j definiert. Die entsprechende Masse wird durch M_j beschrieben. Zur Berücksichtigung der dazugehörigen Trägheits- und Steifigkeitseigenschaften wird ein aus der Finite Elemente Methode bekanntes Stabelement genutzt. Das Verformungsverhalten des Drucksegments j wird demnach durch die Steifigkeit $k_j = E_j A_j / L_j$ (E - Elastizitätsmodul, A - Querschnittsfläche im unbelasteten Zustand) beschrieben. Dabei wird vorausgesetzt, dass die Deformationen dieser Drucksegmente im vorgespannten und belasteten Zustand klein bleiben. Zur detaillierten Beschreibung dieses Ansatzes sowie der Ableitung der zugehörigen Massenmatrix und Steifigkeitsmatrix wird auf [PP68; Bet13] verwiesen. Weiterhin ist die Materialdämpfung in Betracht zu ziehen. Diese kann durch einen geschwindigkeitsproportionalen STOKES'schen Dämpfer (Dämpfungskoeffizient c_j) im mechanischen Modell vereinfacht werden. Das resultierende Ersatzmodell ist in Abb. 3.2 a dargestellt.

Aufgrund der hohen Drucksteifigkeit dieser Segmente ist die entsprechende Verformung gering und meist vernachlässigbar. Demnach können in vielen Anwendungsfällen die Drucksegmente der Tensegrity Struktur als ideal starr modelliert werden. Dadurch entfallen sowohl die Verformungs- als auch die Dämpfungseigenschaften des Ersatzmodells aus Abb. 3.2 a. Die Trägheitseigenschaften des starren Drucksegments j werden durch die Masse M_j und den dazugehörigen Trägheitstensor $\boldsymbol{\Theta}_j$ bezüglich des körperfesten Hauptachsensystems beschrieben. Dieser Modellierungsansatz ist in Abb. 3.2 b dargestellt. Im Rahmen dieser Arbeit werden die Verformungen der Drucksegmente ebenfalls als vernachlässigbar erachtet, sodass das Ersatzmodell aus Abb. 3.2 b genutzt wird.

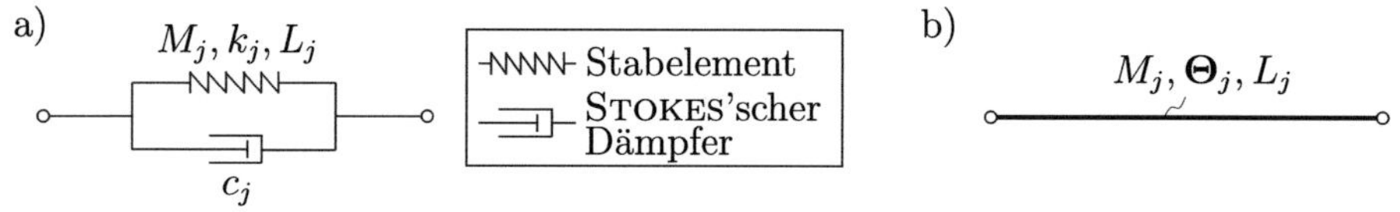

Abbildung 3.2: Mechanische Ersatzmodelle der Drucksegmente der Tensegrity Struktur – a) Berücksichtigung der Verformung der Drucksegmente, b) ideal starre Modellierung der Drucksegmente.

3.2.2 Modellierung der Zugsegmente

Bei konventionellen Tensegrity Strukturen werden die Zugsegmente durch biegeschlaffe, undehnbare Seile realisiert. Aufgrund der hohen Zugsteifigkeit wird die Verformung der Zugsegmente meist vernachlässigt. Stattdessen werden bei der mechanischen Modellierung lediglich die übertragenen Zugkräfte berücksichtigt. Die Trägheitseigenschaften der Zugsegmente werden ebenfalls vernachlässigt. Dementsprechend kann das Zugsegment j bei dem mechanischen Ersatzmodell durch Zugkräfte $\boldsymbol{F}_{Z,j}$ in Seilrichtung vereinfacht werden. Diese Modellierung ist in Abb. 3.3 a veranschaulicht.
Bei nachgiebigen Tensegrity Strukturen wird das Verformungsverhalten der Zugsegmente j ($j = m+1, m+2, \ldots, n$) im Allgemeinen, insbesondere bei der Nutzung von Elastomeren, durch eine nichtlineare Federkennlinie modelliert. Die dazugehörige ungedehnte Federlänge wird durch den Parameter l_j beschrieben. Die entsprechende Stei-

figkeit $k_j(\Delta l_j)$ hängt vom aktuellen Verformungszustand, d. h. der aktuellen Verlängerung Δl_j des Zugsegmentes j ab. Hierbei ist nochmals hervorzuheben, dass die Zugsegmente keinerlei Druckbeanspruchung standhalten. Bei der Nutzung von Zugfedern ist diese Beanspruchung unbedingt zu vermeiden. Bei der alternativen Nutzung von Seilen oder Elastomeren führt dies zu einer Erschlaffung der Zugsegmente. Dies stellt keinen kritischen Zustand dar. Jedoch ist auch hierbei zu berücksichtigen, dass keine Druckkraft übertragen wird. Um weiterhin die infolge der Verformung auftretende Energiedissipation durch Materialdämpfung zu berücksichtigen, wird das mechanische Modell dieser Segmente durch einen geschwindigkeitsproportionalen STOKES'schen Dämpfer ergänzt. Der zugehörige Dämpfungskoeffizient wird durch c_j beschrieben. Auch hier werden die Trägheitseigenschaften der Zugsegmente vernachlässigt. Das resultierende mechanische Ersatzmodell ist in Abb. 3.3 b dargestellt. Da diese Arbeit nachgiebige Tensegrity Strukturen thematisiert, wird dieser Ansatz im Folgenden genutzt.

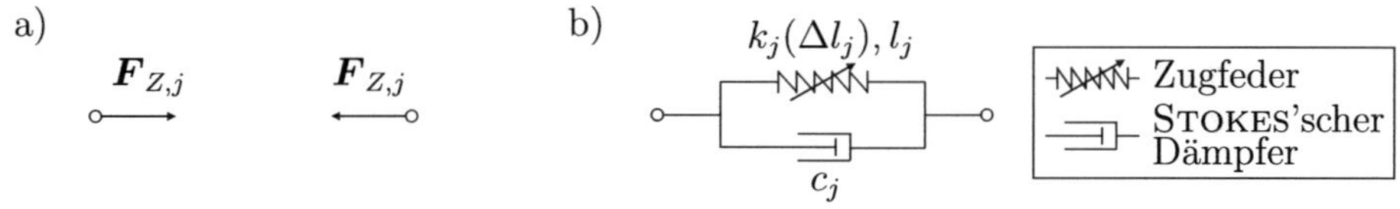

Abbildung 3.3: Mechanische Ersatzmodelle der Zugsegmente bei – a) konventionellen Tensegrity Strukturen, b) nachgiebigen Tensegrity Strukturen.

3.3 Modellierung der Strukturdynamik

Zur Entwicklung eines Bewegungssystems basierend auf einer nachgiebigen Tensegrity Struktur ist die Beschreibung der entsprechenden Strukturdynamik essentiell. Deswegen werden innerhalb dieses Abschnittes werden die Modellgleichungen zur Charakterisierung des dynamischen Verhaltens von Tensegrity Strukturen allgemein hergeleitet. Zur systematischen Beschreibung wird der LAGRANGE Formalismus aus der Analytischen Mechanik genutzt. Die Ausführungen können auf beliebig komplexe Tensegrity Strukturen angewandt werden. Hieraus resultieren meist nichtlineare Bewegungsdifferentialgleichungen. Deren Lösung zur Beschreibung des dynamischen Verhaltens der Tensegrity Struktur erfordert jedoch numerische Methoden, sodass auf Rechnerunterstützung zurückgegriffen wird.

Die aktuelle Konfiguration der Tensegrity Struktur wird eindeutig durch die Positionen der Knotenpunkte bezüglich eines ortsfesten Koordinatensystems beschrieben. Im Rahmen dieser Arbeit wird ein kartesisches Inertialsystem $\{0, x, y, z\}$ genutzt. Die Position des Knotenpunktes i wird durch den Ortsvektor $\boldsymbol{r}_i = (x_i, y_i, z_i)^{\mathrm{T}}$ beschrieben. Die Betrachtung von zweidimensionalen Tensegrity Strukturen erfolgt in der x-y-Ebene ($z_i \equiv 0, \ \forall i$). Folglich sind $D \cdot N$ Koordinaten (D - Dimension, N - Knotenanzahl) zur eindeutigen Beschreibung der Tensegrity Struktur notwendig. Die Koordinaten der Knotenpositionen werden als generalisierte Koordinaten gewählt und im Vektor $\boldsymbol{q} = (q_1, q_2, \ldots, q_{DN})^{\mathrm{T}}$ aufgelistet. Zur Beschreibung der aktuellen Segmentlängen kann die zuvor definierte Inzidenzmatrix **B** genutzt werden. Dieser Ansatz ist in (3.2) formuliert. Hierbei enthält der Parameter $\boldsymbol{d}_j$ die aktuelle Länge des Segmentes j, die durch den Distanzvektor der beiden zugehörigen Knotenpunkte definiert wird.

$$\boldsymbol{d}_j = b_{ij}\boldsymbol{r}_i \quad (i = 1, 2, \ldots, N;\ j = 1, 2, \ldots, n) \tag{3.2}$$

Aufgrund der Modellierung der Drucksegmente als ideal starr sind jedoch m zusätzliche holonome Zwangsbedingungen ψ_b $(b = 1, 2, \ldots, m)$ zu berücksichtigen. Diese Zwangsbedingungen sind in (3.3) formuliert. Für die Tensegrity Struktur folgt hieraus ein Freiheitsgrad von $D \cdot N - m$.

$$\psi_b(\boldsymbol{q}) = L_b - |\boldsymbol{d}_b| = 0 \quad (b = 1, 2, \ldots, m) \tag{3.3}$$

Im Rahmen dieser Arbeit wird zur Beschreibung der Strukturdynamik die LAGRANGE'schen Gleichungen mit Multiplikatoren (LAGRANGE Gleichungen 2. Art) genutzt. Deren Formulierung ist in (3.4) veranschaulicht. Hierbei beschreibt der Parameter T die kinetische Energie der Tensegrity Struktur und der Parameter Π die Formänderungsenergie der elastischen Zugsegmente. Die Größe $\boldsymbol{F}_i$ entspricht der Knotenkraft am Knoten i und der Parameter λ stellt die zusätzlichen LAGRANGE-Multiplikatoren dar. Hierbei ist zu beachten, dass die in (3.3) formulierten holonomen Zwangsbedingungen unbedingt einzuhalten sind. Aus diesem Grund sind die Gleichungen aus (3.3) und (3.4) als differential-algebraisches System zu betrachten.

$$\frac{\mathrm{d}}{\mathrm{d}t}\frac{\partial T}{\partial \dot{q}_a} - \frac{\partial T}{\partial q_a} + \frac{\partial \Pi}{\partial q_a} = \boldsymbol{F}_i \cdot \frac{\partial \boldsymbol{r}_i}{\partial q_a} + \lambda_b \frac{\partial \psi_b}{\partial q_a} \quad (a = 1, 2, \ldots, DN;\ i = 1, 2, \ldots, N;\ b = 1, 2, \ldots, m) \tag{3.4}$$

Aufgrund der Vernachlässigung der Trägheitseigenschaften der Zugsegmente wird die kinetische Energie T ausschließlich durch die Drucksegmente beschrieben. Dieser Sachverhalt ist in (3.5) veranschaulicht. Hierbei beschreibt der Vektor $\boldsymbol{s}_j$ die Schwerpunktlage des Drucksegmentes j. Der Vektor $\boldsymbol{\omega}_j$ enthält die Winkelgeschwindigkeiten des Drucksegments j bezüglich dessen körperfesten Hauptträgheitsachsen.

$$T = \frac{M_j}{2}|\dot{\boldsymbol{s}}_j|^2 + \frac{1}{2}\boldsymbol{\omega}_j^{\mathrm{T}}\, \boldsymbol{\Theta}_j\, \boldsymbol{\omega}_j \quad (j = 1, 2, \ldots, m)$$
$$\text{mit } \boldsymbol{s}_j = \frac{b_{ij}^2}{2}\boldsymbol{r}_i \quad (i = 1, 2, \ldots, N;\ j = 1, 2, \ldots, n) \tag{3.5}$$

Für den zweidimensionalen Fall lässt sich dieser Zusammenhang wegen $\boldsymbol{\omega}_j = (0, 0, \omega_{z,j})^{\mathrm{T}}$ vereinfachen. Es folgt die in (3.6) dargestellte kinetische Energie.

$$T = \frac{M_j}{2}|\dot{\boldsymbol{s}}_j|^2 + \frac{1}{2}\Theta_{zz,j}\, \omega_{z,j}^2 \quad (j = 1, 2, \ldots, m) \tag{3.6}$$

Die Formänderungsenergie Π der Tensegrity Struktur wird ausschließlich durch die Verformung der Zugsegmente definiert. Für die allgemeine nichtlineare Federcharakteristik der dazugehörigen mechanischen Ersatzmodelle (Abb. 3.3 b) gilt die in (3.7) dargestellte Formulierung. An dieser Stelle wird nochmals betont, dass keine Druckbeanspruchung berücksichtigt wird. Für derartige Beanspruchungen wird die Formänderungsenergie Π gleich Null gesetzt.

$$\Pi = \int_0^{|\boldsymbol{d}_j|-l_j} k_j(\Delta l_j)\Delta l_j \; \mathrm{d}(\Delta l_j) \quad (j = m+1, m+2, \ldots, n) \tag{3.7}$$

Außerdem müssen die Dämpfungskräfte $\boldsymbol{F}_{c,j}$ der Zugsegmente j berücksichtigt werden. Diese können unter Nutzung der Inzidenzmatrix $\mathbf{B}$ in entsprechende Knotenkräfte $\boldsymbol{F}_i$ transformiert werden. Dieser Ansatz ist in (3.8) dargestellt.

$$\boldsymbol{F}_i = b_{ij}\boldsymbol{F}_{c,j} \quad (i = 1, 2, \ldots, N;\; j = 1, 2, \ldots, n) \qquad \text{mit } \boldsymbol{F}_{c,j} = -c_j \frac{\boldsymbol{d}_j \cdot \dot{\boldsymbol{d}}_j}{|\boldsymbol{d}_j|} \frac{\boldsymbol{d}_j}{|\boldsymbol{d}_j|} \tag{3.8}$$

Aufgrund des nichtlinearen Charakters des differential-algebraischen Systems ist Rechnerunterstützung notwendig. Wegen der numerischen Genauigkeit ist jedoch ein *Abdriften* (engl.: *drift-off*) der holonomen Zwangsbedingungen nicht zu vermeiden. Aus diesem Grund ist eine Stabilisierung dieser Zwangsbedingungen notwendig. Im Folgenden wird hierfür die BAUMGARTE-Stabilisierung mit den dazugehörigen Parametern α und β genutzt [Bau72]. Infolge dieses Ansatzes werden die holonomen Zwangsbedingungen ψ_b $(b = 1, 2, \ldots, m)$ durch entsprechende Schwingungsdifferentialgleichungen formuliert. Dadurch wird das differential-algebraische System in (3.9) überführt.

$$\begin{aligned} &\frac{\mathrm{d}}{\mathrm{d}t}\frac{\partial T}{\partial \dot{q}_a} - \frac{\partial T}{\partial q_a} + \frac{\partial \Pi}{\partial q_a} = \boldsymbol{F}_i \cdot \frac{\partial \boldsymbol{r}_i}{\partial q_a} + \lambda_b \frac{\partial \psi_b}{\partial q_a} \quad (a = 1, 2, \ldots, DN;\; i = 1, 2, \ldots, N; \\ &\qquad\qquad\qquad\qquad\qquad\qquad\qquad\qquad\qquad b = 1, 2, \ldots, m) \\ &\qquad\qquad \ddot{\psi}_b + 2\alpha\dot{\psi}_b + \beta^2\psi_b = 0 \qquad (b = 1, 2, \ldots, m) \end{aligned} \tag{3.9}$$

Für die Betrachtung von Tensegrity Strukturen in der Baudynamik sind die bisherigen Modellierungen durch eine entsprechende Lagerung zu ergänzen. Folglich sind für zweidimensionale Strukturen mindestens 3 Lagerreaktionen notwendig. Im Dreidimensionalen ist die Lagerung durch mindestens 6 Lagerreaktionen zu gewährleisten. Diese zusätzlichen Zwangsreaktionen können durch eine Reduktion der generalisierten Koordinaten realisiert werden. Bei den später dargestellten numerischen Simulationen ist zu beachten, dass das dynamische Verhalten der Tensegrity Struktur durch transiente Effekte infolge der BAUMGARTE-Stabilisierung verfälscht werden kann. Zur Minimierung dieses Effekts werden die Stabilisierungsparameter α und β gemäß [BAE06] gewählt. Weiterhin werden stets konsistente, d. h. mit den holonomen Zwangsbedingungen verträgliche, Anfangsbedingungen gewählt.

3.4 Bestimmung der Gleichgewichtskonfigurationen

In diesem Abschnitt werden die Gleichgewichtskonfigurationen von Tensegrity Strukturen thematisiert. Diese Konfigurationen sind, insbesondere in den Anwendungsgebieten der Architektur und Modernen Kunst, von besonderem Interesse, da diese die resultierende Form definieren. Die Gleichgewichtskonfiguration wird durch die Topologie der Tensegrity Struktur sowie die entsprechenden mechanischen Parameter der Segmente bestimmt. Bei komplexeren Strukturen ist diese resultierende Konfiguration jedoch nicht offensichtlich bzw. intuitiv. Weiterhin ermöglichen manche Tensegrity Strukturen mehrere stabile Gleichgewichtskonfigurationen. Derartige Strukturen werden als multistabil klassifiziert. Für solche Strukturen ist die Bestimmung aller Gleichgewichtskonfigurationen mit der dazugehörigen Stabilität von Interesse. Dementsprechend sind systematische Ansätze zur Bestimmung der Gleichgewichtskonfiguration erforderlich um konstruktive Richtlinien für den Entwurf von Tensegrity Strukturen abzuleiten. Allgemein wird die Bestimmung der Gleichgewichtskonfigurationen von Tensegrity Strukturen als Formfindung bezeichnet. Zahlreiche Lösungsansätze zur Bestimmung der Gleichgewichtslage von Tensegrity Strukturen sind in [Emm59; Cal78; RW81; MNJ87; OW97; SS97; KKM99; VM99; MN01; MSG05; ZMM06; Uzu17; Mog+18] gegeben. Diese Lösungsansätze basieren in vielen Fällen auf genetischen Algorithmen, die einen großen Rechenaufwand erfordern [Sum18]. Letztendlich kann jedoch für alle bekannten Lösungsalgorithmen nicht sichergestellt werden, dass im Falle von multistabilen Tensegrity Strukturen alle Gleichgewichtslagen detektiert wurden. Folglich ist auch die Einordnung von Tensegrity Strukturen als multistabil nicht trivial, da gegebenenfalls vorhandene Gleichgewichtskonfigurationen nicht detektiert werden.

Im Rahmen dieser Arbeit werden Tensegrity Strukturen mit mehreren stabilen Gleichgewichtskonfigurationen betrachtet. Mit den hier vorgestellten Lösungsmethodiken kann jedoch die Detektierung aller Gleichgewichtskonfigurationen ebenfalls nicht sichergestellt werden. Folglich werden nicht detektierte bzw. nicht beobachtete Gleichgewichtskonfigurationen vernachlässigt. Für Tensegrity Strukturen mit einer stabilen Gleichgewichtslage kann zur Bestimmung derselben (3.9) genutzt werden. Für eine beliebige Initialkonfiguration konvergiert die Tensegrity Struktur asymptotisch gegen die stabile Gleichgewichtskonfiguration. Dieses Vorgehen wird als *Dynamic Relaxation* (engl.: Dynamische Entspannung) bezeichnet [MNJ87; ZMM06; Fag09]. Bei multistabile Strukturen können für unterschiedliche Initialkonfigurationen verschiedene stabile Gleichgewichtskonfigurationen resultieren. Aus diesem Grund sind für derartige Strukturen Parameterstudien hinsichtlich der Initialkonfiguration notwendig. Außerdem folgt aus dem Zwischenwertsatz der Mathematik, dass infolge mehrere stabiler Konfigurationen ebenfalls instabile Konfigurationen auftreten. Mittels (3.9) können jedoch keinerlei Informationen über instabile Gleichgewichtskonfigurationen gewonnen werden. Dementsprechend ist dieser Ansatz für multistabile Tensegrity Strukturen unbefriedigend. Aus diesem Grund wird die Problemstellung der Formfindung als statisches Problem betrachtet. Hierzu wird (3.9) vereinfacht. Es werden alle dynamischen

Terme vernachlässigt und es folgt das in (3.10) dargestellte nichtlineare Gleichungssystem. Weiterhin ist zu beachten, dass zur Bestimmung der Gleichgewichtskonfigurationen die Tensegrity Struktur gelagert wird um ein statisches Gleichgewichts zu ermöglichen.

$$\begin{aligned} \frac{\partial}{\partial q_a}(\Pi - \lambda_b \psi_b) = \frac{\partial \Pi^*}{\partial q_a} &= 0 \qquad (a = 1, 2, \ldots, DN;\ b = 1, 2, \ldots, m) \\ \psi_b &= 0 \end{aligned} \tag{3.10}$$

An dieser Stelle wird die Schwierigkeit der Gleichgewichtslagenbestimmung deutlich. Da es sich bei (3.10) um ein nichtlineares Gleichungssystem handelt, sind numerische Methoden, wie beispielsweise das NEWTON-RAPHSON-Verfahren, notwendig. Diese sind jedoch meist nur lokal konvergent, sodass das Finden einer Gleichgewichtskonfiguration nicht gewährleistet werden kann. Weiterhin existieren keine allgemeingültigen Theoreme hinsichtlich der Lösungsexistenz bzw. der Anzahl der Lösungen von nichtlinearen Gleichungssystemen. Folglich ist es nicht möglich, die Anzahl der Gleichgewichtskonfigurationen mathematisch abzuschätzen. Zur Reduzierung der Unbekannten können die holonomen Zwangsbedingungen aus dem nichtlinearen Gleichungssystem entkoppelt werden. Hierzu wird das Gleichungssystem wie in (3.11) dargestellt, formuliert. Hierbei beschreibt der Parameter $\mathbf{A}$ eine Matrix der Dimension $(DN + m) \times m$ und $\boldsymbol{b}$ repräsentiert eine Vektor mit $(DN + m)$ Einträgen.

$$\mathbf{A}(\boldsymbol{q}) \cdot \boldsymbol{\lambda} = \boldsymbol{b}(\boldsymbol{q}) \qquad \text{mit } \boldsymbol{\lambda} = (\lambda_1, \lambda_2, \ldots, \lambda_m)^{\mathrm{T}} \tag{3.11}$$

Durch anschließende QR-Zerlegung der Matrix $\mathbf{A}$ kann das nichtlineare Gleichungssystem in das nichtlineare Gleichungssystem (3.12) zur Bestimmung der generalisierten Koordinaten $\boldsymbol{q}$ und das lineare Gleichungssystem (3.13) zur anschließenden Bestimmung der LAGRANGE-Multiplikatoren $\boldsymbol{\lambda}$ zerlegt werden. Dementsprechend kann das nichtlineare Gleichungssystem aus (3.11) auf DN Unbekannte reduziert werden. Hierbei beschreibt $\boldsymbol{e}_k$ den Einheitsvektor bezüglich der k-ten Komponente.

$$\left(\mathbf{Q}^{-\mathrm{I}}\, \boldsymbol{b}(\boldsymbol{q})\right) \cdot \boldsymbol{e}_k = 0 \qquad (k = m+1, m+2, \ldots, m+DN) \tag{3.12}$$

$$\left(\mathbf{R}\boldsymbol{\lambda} - \mathbf{Q}^{-\mathrm{I}}\, \boldsymbol{b}(\boldsymbol{q})\right) \cdot \boldsymbol{e}_k = 0 \qquad (k = 1, 2, \ldots, m) \tag{3.13}$$

Innerhalb dieser Arbeit werden multistabile Tensegrity Strukturen betrachtet, deren Topologien von überschaubarer Komplexität sind. Zur Lösung des nichtlinearen Gleichungssystem in (3.12) wird der nachfolgende Lösungsansatz basierend auf Intervallarithmetik und Bisektion genutzt [Bee06; Wil17].

Im ersten Schritt wird der zu untersuchende DN-dimensionale Konfigurationsraum definiert. Dieser wird durch Wertebereiche/ Intervalle der DN generalisierten Koordinaten q_a $(a = 1, 2, \ldots, DN)$ aufgespannt. Unter Nutzung der Intervallarithmetik können diese Intervalle in (3.12) eingesetzt werden. Das Ergebnis stellt eine konservative Abschätzung dar. D. h. wenn die Nulllösung im Lösungsintervall enthalten ist, kann eine

Gleichgewichtskonfiguration im gegebenen Konfigurationsraum existieren. Wenn diese Nulllösung nicht enthalten ist, ist sichergestellt, dass das keine Gleichgewichtskonfiguration im Konfigurationsraum existiert [Bau87; Bee06]. Durch DN-dimensionale Bisektion können Bereiche des Konfigurationsraum, die die Nulllösung enthalten weiter unterteilt werden. Intervalle welche die Nulllösung nicht enthalten werden verworfen. Infolge der iterativen Diskretisierung des Konfigurationsraumes sowie der Definition eines Abbruchkriteriums hinsichtlich der Intervallgröße verbleiben diskrete Bereiche in denen eine Gleichgewichtskonfiguration auftreten kann. Konfigurationen aus diesen Bereichen werden als Startwerte für ein anschließendes NEWTON-RAPHSON-Verfahren zur Bestimmung der Gleichgewichtslage genutzt. Sollten innerhalb eines verbleibenden Intervalls mehrere Gleichgewichtslösungen enthalten sein, wird infolge des Algorithmus ausschließlich eine Konfiguration berücksichtigt.

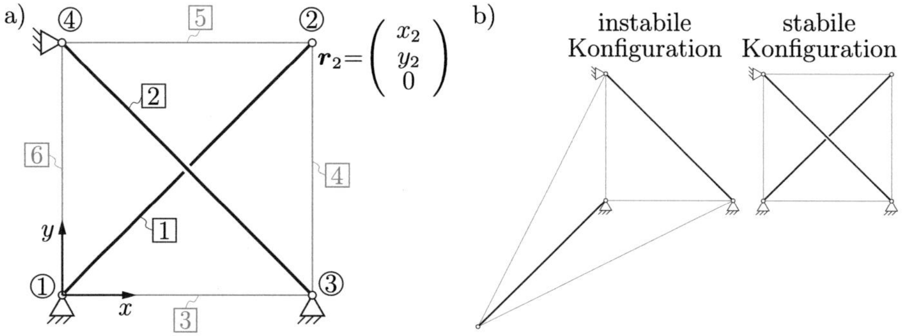

Abbildung 3.4: Bestimmung der Gleichgewichtskonfigurationen einer Tensegrity Struktur mittels Intervallarithmetik und Bisektion – a) zweidimensionale gelagerte Tensegrity Struktur, b) detektierte Gleichgewichtskonfigurationen.

Diese Lösungsstrategie wird für das in Abb. 3.4 a dargestellte Beispiel veranschaulicht. Zur Beschreibung dieser Tensegrity Struktur verbleiben aufgrund der Lagerung zwei Koordinaten $\boldsymbol{q} = (x_2, y_2)^{\mathrm{T}}$ sowie eine holonome Zwangsbedingung. Demnach ist der Konfigurationsraum im Zweidimensionalen durch die Wertebereiche von x_2 und y_2 definiert. Die zugehörigen mechanischen Parameter der Zug- und Drucksegmente der Tensegrity Struktur sind in Tab. 3.1 aufgelistet.

Tabelle 3.1: Mechanische Parameter der Tensegrity Struktur aus Abb. 3.4 a.

j	M_j	L_j	l_j	k_j	c_j
1	0.100 kg	0.100 m	—	—	—
2	0.100 kg	0.100 m	—	—	—
3	—	—	0.020 m	1000 N/m	0.2 Ns/m
4	—	—	0.020 m	1000 N/m	0.2 Ns/m
5	—	—	0.020 m	1000 N/m	0.2 Ns/m
6	—	—	0.020 m	200 N/m	0.2 Ns/m

Die Untersuchung der Gleichgewichtskonfigurationen bezüglich der Parameter x_2 und y_2 mittels des vorgestellten Ansatzes ist für verschiedene Iterationen in Abb. 3.5 dargestellt. Die Intervalle werden durch Boxen dargestellt. Eine grau eingefärbte Box stellt hierbei ein mögliches Lösungsintervall dar. Die potentiellen Lösungsintervalle (Nulllösung ist im Lösungsintervall enthalten) werden im anschließenden Iterationsschritt weiter unterteilt. Die Ergebnisse zeigen, dass sich bereits nach wenigen Iterationsschritten zwei diskrete Ergebnisbereiche bilden. Nach einer definierten Anzahl von Iterationen werden Konfigurationen aus den verbleibenden Lösungsintervalle als Initialwert für das NEWTON-RAPHSON-Verfahren zur Lösung von (3.12) genutzt. Für dieses Beispiel resultieren zwei Gleichgewichtskonfigurationen, die in Abb. 3.4 b dargestellt sind.

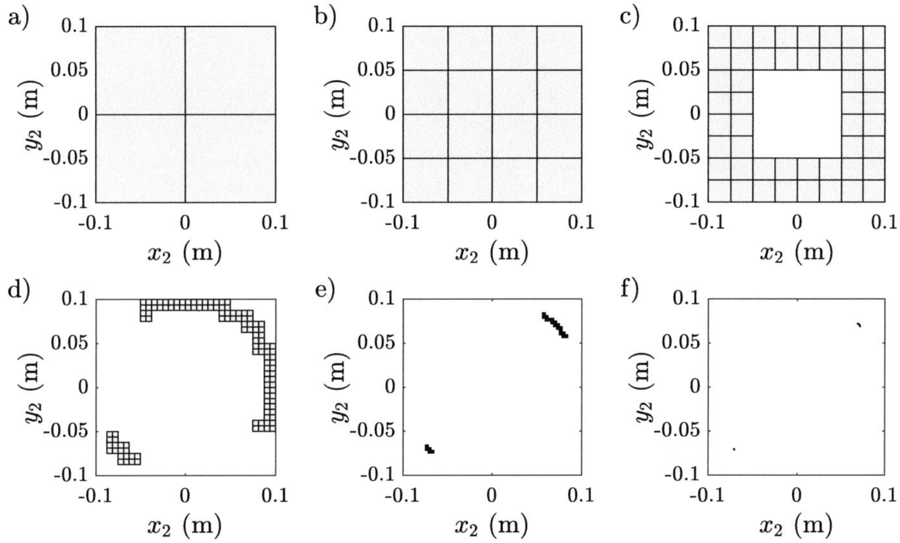

Abbildung 3.5: Intervallarithmetik zur Bestimmung der Gleichgewichtskonfigurationen – a) 1. Iteration, b) 2. Iteration, c) 3. Iteration, d) 5. Iteration, e) 7. Iteration, f) 10. Iteration.

An dieser Stelle ist jedoch zu betonen, dass mit zunehmender Komplexität der Struktur, d. h. mit zunehmenden Freiheitsgrad der Rechenaufwand exponentiell zunimmt. Dementsprechend sind insbesondere für komplexe Strukturen andere Lösungsansätze vorzuziehen. Innerhalb dieser Arbeit beschränkt sich die Betrachtung häufig auf einfache Topologien, um die Anschaulichkeit zu gewährleisten. Folglich wird dieser Lösungsansatz regelmäßig genutzt.

Bei multistabilen Tensegrity Strukturen ist unbedingt zwischen instabilen und stabilen Gleichgewichtskonfigurationen zu unterscheiden. Zur Auswertung der Stabilität der detektierten Gleichgewichtskonfigurationen ist eine Betrachtung der geänderten Hessematrix $\mathbf{H}$ der Tensegrity Struktur notwendig. Diese Matrix ist in (3.14) definiert. Zur Auswertung der Stabilität werden die Vorzeichen der $(2m{+}1)$ bis $(m{+}DN)$ führenden

Hauptminoren betrachtet. Wenn für die Vorzeichen all dieser Hauptminoren $(-1)^m$ gilt, wird die Gleichgewichtskonfiguration als stabil klassifiziert [Kos12]. Andernfalls liegt eine instabile Gleichgewichtskonfiguration vor. Für die beispielhaft betrachtete Tensegrity Struktur resultiert eine stabile sowie eine instabile Gleichgewichtskonfiguration. Diese sind in Abb. 3.4 b dargestellt und klassifiziert.

$$\mathbf{H} = \left[\begin{array}{ccc|ccc} \frac{\partial^2\Pi^*}{\partial\lambda_1^2} & \cdots & \frac{\partial^2\Pi^*}{\partial\lambda_1\partial\lambda_m} & \frac{\partial^2\Pi^*}{\partial\lambda_1\partial q_1} & \cdots & \frac{\partial^2\Pi^*}{\partial\lambda_1\partial q_{DN}} \\ \vdots & \ddots & \vdots & \vdots & \ddots & \vdots \\ \frac{\partial^2\Pi^*}{\partial\lambda_m\partial\lambda_1} & \cdots & \frac{\partial^2\Pi^*}{\partial\lambda_m^2} & \frac{\partial^2\Pi^*}{\partial\lambda_m\partial q_1} & \cdots & \frac{\partial^2\Pi^*}{\partial\lambda_m\partial q_{DN}} \\ \hdashline \frac{\partial^2\Pi^*}{\partial q_1\partial\lambda_1} & \cdots & \frac{\partial^2\Pi^*}{\partial q_1\partial\lambda_m} & \frac{\partial^2\Pi^*}{\partial q_1^2} & \cdots & \frac{\partial^2\Pi^*}{\partial q_1\partial q_{DN}} \\ \vdots & \ddots & \vdots & \vdots & \ddots & \vdots \\ \frac{\partial^2\Pi^*}{\partial q_{DN}\partial\lambda_1} & \vdots & \frac{\partial^2\Pi^*}{\partial q_{DN}\partial\lambda_m} & \frac{\partial^2\Pi^*}{\partial q_{DN}\partial q_1} & \cdots & \frac{\partial^2\Pi^*}{\partial q_{DN}^2} \end{array}\right] \tag{3.14}$$

3.5 Aktuierungsstrategie

Die Nutzung von Tensegrity Strukturen in ingenieurtechnischen Bereichen ist mit der großen Formvariabilität dieser Strukturen sowie der Anpassung der mechanischen Eigenschaften durch Variation des Vorspannungszustandes zu begründen. Zur Variation der Vorspannung der Strukturen ist eine Aktuierung erforderlich. Hierzu ist sowohl eine Variation der Länge der Drucksegmente möglich, als auch eine Variation der mechanischen Parameter der Zugsegmente denkbar. Bei der Aktuierung der Zugsegmente kann beispielsweise deren Vorspannkraft [Sab+15] oder im Fall von nachgiebigen Tensegrity Strukturen deren Deformationsverhalten variiert werden. Hierbei ist eine Veränderung der Steifigkeit [Wan+19] oder eine Variation der unbelasteten Elementlänge [Sch+20] möglich. Im Folgenden wird eine Aktuierungsstrategie zur Kontrolle der Konfiguration von nachgiebigen Tensegrity Strukturen abgeleitet.

3.5.1 Aktuierung der Tensegrity Struktur

Wie bereits in den vorherigen Abschnitten herausgestellt wurde, ist neben der Topologie der Struktur die Vorspannung die entscheidende Größe für die äußere Gestalt der Gleichgewichtskonfiguration der Tensegrity Struktur. Dementsprechend wird zur Variation der äußeren Form der Tensegrity Struktur eine Aktuierung der Struktur zur Beeinflussung des Vorspannungszustands benötigt. Die Vorspannung wird durch die Formänderungsenergie Π charakterisiert. Anhand von (3.7) werden die verschiedenen Variationsmöglichkeiten deutlich. Demnach ist eine Beeinflussung der Zugsteifigkeit k_j der Zugsegmente oder eine Variation der Segmentverlängerung Δl_j der Zugsegmente denkbar. Die Beeinflussung der Steifigkeit der Zugsegmente ist nur bedingt möglich. Allgemein wird die Zugsteifigkeit durch das Material und die Geometrie des Zugsegments definiert. Eine Variation der Geometrie des Zugsegments ist jedoch im Betrieb ausgeschlossen. Die Beeinflussung des Materialverhaltens ist außerdem lediglich durch die Nutzung von *Soft Materials* möglich. Derartige Materialien sind beispielsweise magnetosensitive Werkstoffe (Beeinflussung durch Magnetfeld), elektrostriktive Werkstoffe (Beeinflussung durch elektrisches Feld) oder Formgedächtnislegierungen (Beeinflussung durch Temperaturfeld). Aber auch für derartige Materialien ist die Beeinflussung der Steifigkeit beschränkt. Folglich wird auf eine Betrachtung der Steifigkeitsvariation im Folgenden verzichtet. Die Regelung der Segmentverlängerung scheint stattdessen vielversprechend. Die entsprechende Definition ist nochmals in (3.15) explizit formuliert.

$$\Delta l_j = |\boldsymbol{d}_j| - l_j \quad (j = m+1, m+2, \dots, n) \tag{3.15}$$

Demnach ist eine Variation der Segmentverlängerung durch eine Variation der Drucksegmentlängen der Struktur oder durch eine Beeinflussung der unbelasteten Längen von Zugsegmenten möglich. In dieser Arbeit wird die Aktuierung durch eine Variation der Zugsegmentlängen realisiert. Es werden die ungedehnten Längen ausgewählter Zugsegmente variiert. Dieser Ansatz ist in Abb. 3.6 skizziert.

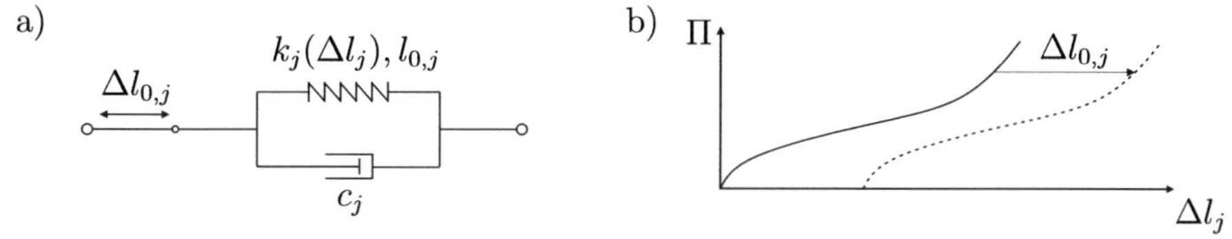

Abbildung 3.6: Aktuierung der Tensegrity Struktur durch Variation der unbelasteten Länge von ausgewählten Zugsegmenten – a) mechanisches Ersatzmodell aktuierter Zugsegmente, b) qualitative Variation der Formänderungsenergie Π.

Der eigentliche Verformungskörper der Länge $l_{0,j}$ wird durch ein zugstarres, biegeschlaffes, masseloses Seil ergänzt, dessen Länge $\Delta l_{0,j}$ durch einen Aktuator gesteuert wird. Somit folgt die in (3.16) formulierte Beziehung. Dementsprechend kann die Formänderungsenergie der Tensegrity Struktur durch die aktuierten Seillängen gesteuert werden, d. h. $\Pi = \Pi(\Delta l_{0,j})$. Es ist zu berücksichtigen, dass im Rahmen der theoretischen Betrachtungen der Aktuierung auch negative Seillängen berücksichtigt werden. Die konstruktive Umsetzung derartiger Aktuierungen wird in späteren Kapiteln der Arbeit thematisiert.

$$l_j = l_{0,j} + \Delta l_{0,j} \quad (j = m+1, m+2, \dots, n) \tag{3.16}$$

3.5.2 Aktuierungsstrategie zur Konfigurationskontrolle

Zur kontrollierten Variation der Gleichgewichtskonfiguration der Tensegrity Struktur ist eine zuverlässige Aktuierungsstrategie erforderlich. Entsprechend den Erläuterung des vorherigen Abschnittes wird die Aktuierung durch eine Variation der ungedehnten

Längen ausgewählter Zugsegmente realisiert. Die dazugehörigen Aktuatorparameter werden im Vektor $\boldsymbol{\Delta l_0}$ ($\boldsymbol{\Delta l_0} \in \mathbb{R}^v$; v - Aktuatoranzahl) zusammengefasst. Das nichtlineare Gleichungssystem aus (3.12) kann bezüglich der Aktuatorparameter $\boldsymbol{\Delta l_0}$ als lineares Gleichungssystem formuliert werden. Dieser Ansatz ist in [Sch+18d] veranschaulicht. Das resultierende Gleichungssystem ist in (3.17) dargestellt. Die Dimensionen der Matrix $\mathbf{S}$ und des Vektors $\boldsymbol{b}_S$ werden durch den Freiheitsgrad der Tensegrity Struktur sowie der Anzahl an Aktuatoren definiert. Sofern die Anzahl der Aktuatoren größer oder gleich dem Freiheitsgrad der Tensegrity Struktur ist ($v \geq (DN - m)$) kann (3.17) analytisch gelöst werden. Demnach können für eine gewünschte Sollkonfiguration $\boldsymbol{q}$ die dazugehörigen Aktuatorparameter $\boldsymbol{\Delta l_0}$ berechnet werden. Hierbei ist zu beachten, dass die angestrebte Konfiguration $\boldsymbol{q}$ mit den gegebenen holonomen Zwangsbedingungen verträglich ist.

$$\mathbf{S}(\boldsymbol{q}) \cdot \boldsymbol{\Delta l_0} = \boldsymbol{b}_S(\boldsymbol{q}) \qquad \text{mit } \mathbf{S} \in \mathbb{R}^{(DN-m)\times v} \text{ und } \boldsymbol{b}_S \in \mathbb{R}^{(DN-m)} \tag{3.17}$$

Da dieser Ansatz aufgrund der statischen Betrachtung ebenfalls instabile Konfigurationen berücksichtigt, ist die Stabilität der Konfigurationen auszuwerten. Hierzu ist die geränderte Hessematrix aus (3.14) zu betrachten. Außerdem ist zu überprüfen, ob alle Zugsegmente auf Zug beansprucht werden. Wenn diese Kriterien erfüllt sind, liegt eine gültige Konfiguration vor. Zuletzt ist zu beachten, dass für bestimmte Konfigurationen der Rang der Matrix $\mathbf{S}$ kleiner als der Freiheitsgrad sein kann, sodass eine Berechnung von $\boldsymbol{\Delta l_0}$ nicht möglich ist. Diese Konfigurationen sind für die gewählte Akuierung der Tensegrity Struktur nicht ansteuerbar. Für derartige Szenarien ist die Auswahl der aktuierten Zugsegmente zu überdenken.

Die vorgestellte Aktuierungsstrategie wird im Folgenden beispielhaft anhand der in Abb. 3.7 a dargestellten zweidimensionalen Tensegrity Struktur veranschaulicht. Die Knoten- und Segmentnummerierung wird von der äquivalenten Tensegrity Struktur aus Abb. 3.4 adaptiert und die mechanischen Parameter aus Tab. 3.1 genutzt. Diese Tensegrity Struktur wird durch fünf Koordinaten $\boldsymbol{q} = (x_2, x_3, y_3, x_4, y_4)^{\mathrm{T}}$ unter Berücksichtigung von zwei holonomen Zwangsbedingungen beschrieben. Demzufolge resultiert ein Freiheitsgrad von 3 für die Tensegrity Struktur. Folglich sind mindestens drei Aktuatoren zur zuverlässigen Konfigurationskontrolle notwendig. Im Folgenden werden beispielhaft die Zugsegmente 3, 4 und 5 als aktuierte Zugsegmente gewählt ($v = 3$). Es werden Solltrajektorien zur Realisierung einer Hubbewegung definiert. Die Totlagen dieser Bewegung sowie die entsprechenden Komponenten der Knotenpositionen sind in Abb. 3.7 b und c dargestellt. Die erforderlichen Aktuatorparameter werden durch Invertierung der quadratischen Matrix $\mathbf{S}$ berechnet und sind in Abb. 3.7 d abgebildet. Für diese Aktuierung handelt es sich gemäß den obigen Forderungen um gültige Konfigurationen. Dynamische Simulationen des Bewegungsverhaltens bestätigen die geforderte Hubbewegung.

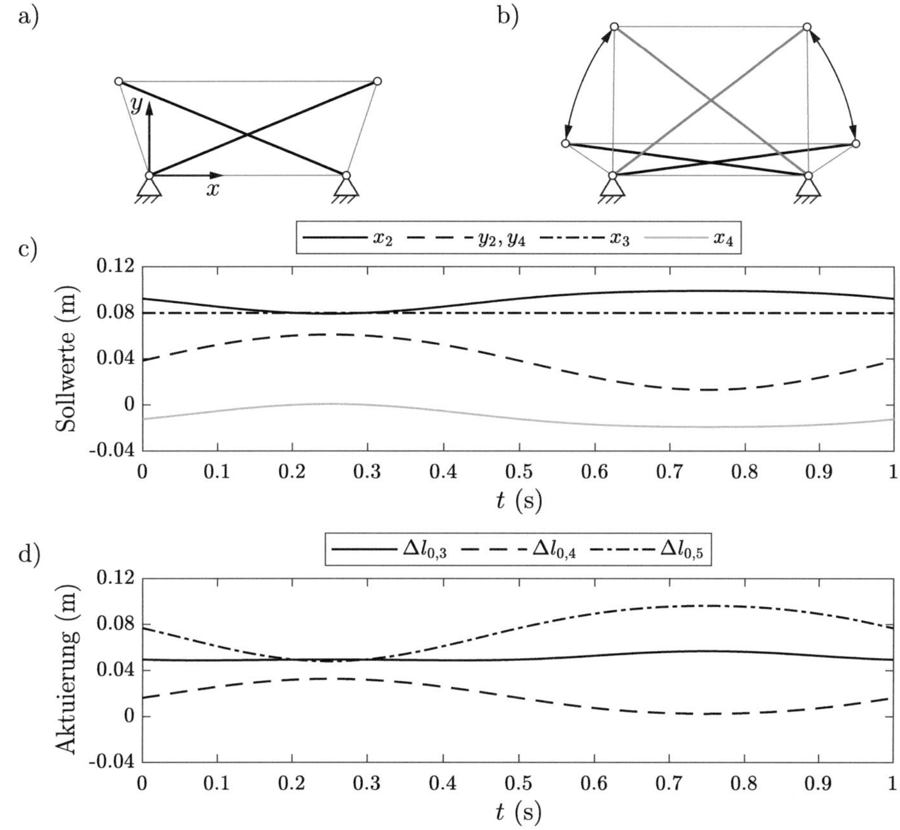

Abbildung 3.7: Aktuierungsstrategie der Tensegrity Struktur – a) Mechanisches Modell der Tensegrity Struktur, b) Totlagen der Bewegung, c) Solltrajektorien, d) berechnete Aktuatorparameter.

3.6 Zusammenfassung

In diesem Kapitel wurde die mechanische Modellierung von Tensegrity Strukturen vorgestellt. Neben dem strukturellen Aufbau wurden verschiedene mechanische Ersatzmodelle der Druck- und Zugsegmente vorgestellt. Das anschließend ausgewählte mechanische Modell zur Beschreibung nachgiebiger Tensegrity Strukturen wurde mit Hilfe des LAGRANGE Formalismus mathematisch beschrieben. Das hieraus resultierende differential-algebraisches Gleichungssystem kann im Folgenden zur Auswertung der Strukturdynamik genutzt werden. Weiterhin wurde eine statische Betrachtung zur Untersuchung der Gleichgewichtskonfiguration dargestellt. Zuletzt wurde das mechanische Modell durch eine Aktuierung der Zugsegmente erweitert sowie eine entsprechende Aktuierungsstrategie zur Konfigurationskontrolle dargestellt.

Kapitel 4

MULTISTABILITÄT VON TENSEGRITY STRUKTUREN

Innerhalb dieser Arbeit liegt der Fokus auf der mechanischen Untersuchung von multistabilen Tensegrity Strukturen, die mehrere stabile Gleichgewichtskonfigurationen ermöglichen. Basierend auf der mechanischen Modellierung von Tensegrity Strukturen im vorherigen Kapitel werden verschiedene Methodiken zur Auslegung derartiger Strukturen vorgestellt. Weiterhin werden verschiedene Aktuierungsstrategien zur Realisierung des Gleichgewichtslagenwechsels von multistabilen Tensegrity Strukturen vorgestellt.

4.1 Entwurf von multistabilen Tensegrity Strukturen

Eine wesentliche Problemstellung von multistabilen Tensegrity Strukturen ist der gezielte Entwurf der entsprechenden Struktur, sodass tatsächlich mehrere stabile Gleichgewichtslagen existieren. Der Stand der Technik ermöglicht keine befriedigenden systematischen Methodiken hierfür. Dementsprechend werden im Folgenden zwei Ansätze zum Entwurf multistabiler Tensegrity Strukturen erarbeitet. Hierbei werden die Betrachtungen auf zweidimensionale Tensegrity Strukturen beschränkt.

4.1.1 Multistabilität durch Symmetrie

Innerhalb dieses Abschnittes werden die Untersuchungen auf zweidimensionale Tensegrity Strukturen beschränkt, die mindestens über eine Symmetrieachse verfügen. Jede Tensegrity Struktur, die dem Tensegrity-Prinzip und den Anforderungen aus [SO09; ZO15] genügt, verfügt über mindestens eine stabile Gleichgewichtslage. Wenn die Achsen der Drucksegmente in dieser Konfiguration nicht mit der Symmetrieachse übereinstimmen, existiert ebenfalls die entsprechende gespiegelte Gleichgewichtskonfiguration mit identischer Stabilität. Dementsprechend existieren mindestens zwei stabile Konfigurationen, sodass die Tensegrity Struktur als multistabil klassifiziert werden kann. Diese Idee wird anhand der in Abb. 4.1 a dargestellten Struktur beispielhaft veranschaulicht. Diese Struktur besteht aus $n = 9$ Segmenten, die in $N = 5$ Knoten verbunden sind. Die Segmente $j = 1, 2, 3$ werden hierbei als Drucksegmente klassifiziert. Die verbleibenden Elemente $j = 4, 5, \ldots, 9$ sind Zugsegmente. Die Symmetrie der Struktur wird bezüglich des Drucksegments 1 sowie dessen Mittelsenkrechten vorausgesetzt (Abb. 4.2 a). Folglich sind die Drucksegmente 2, 3, sowie die Zugsegmente 4, 5, 6, 7 und 8, 9 äquivalent (Tab. 4.1).

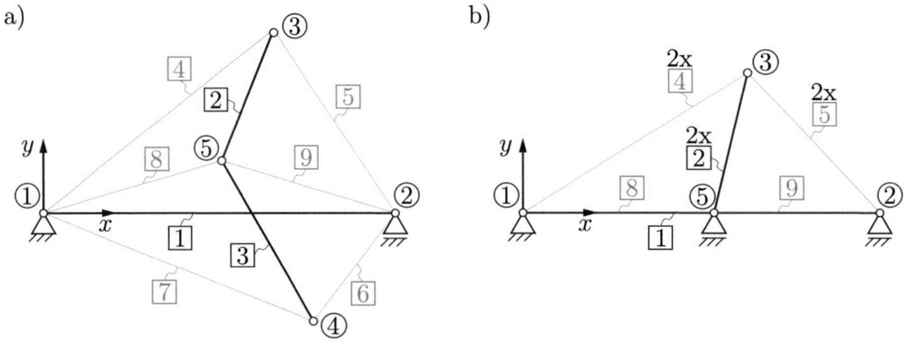

Abbildung 4.1: Zweidimensionale Tensegrity Struktur zur Realisierung mehrerer stabiler Gleichgewichtskonfigurationen – a) Topologie der Struktur, b) vereinfachte symmetrische Topologie.

Der Einfachheit halber werden auch für dieses Beispiel die Zugsegmente durch Zugfedern mit linearer Kraft-Weg-Kennlinie (Federsteifigkeit k_j, ungedehnte Federlänge l_j) realisiert. Die entsprechenden mechanischen Parameter sind in Tab. 4.1 aufgelistet.

Tabelle 4.1: Parameter der zweidimensionalen symmetrischen Tensegrity Struktur.

j	1	2	3	4	5	6	7	8	9
M_j	M_1	M_2	M_2	—	—	—	—	—	—
L_j	L_1	L_2	L_2	—	—	—	—	—	—
l_j	—	—	—	l_4	l_4	l_4	l_4	l_8	l_8
k_j	—	—	—	k_4	k_4	k_4	k_4	k_8	k_8
c_j	—	—	—	c_4	c_4	c_4	c_4	c_8	c_8

Da zur Bestimmung der Gleichgewichtskonfiguration eine statische Betrachtung gemäß (3.10) genügt, wird auf die weitere Berücksichtigung der Trägheits- und Dämpfungsparameter vorerst verzichtet. Zur eindeutigen Beschreibung der aktuellen Konfiguration werden gemäß den Betrachtungen des vorherigen Kapitels und unter Berücksichtigung der gewählten Lagerung ($x_1 = y_1 = y_2 = 0$) 7 Koordinaten genutzt. Aufgrund der Einschränkung auf symmetrische Konfigurationen lässt sich die Tensegrity Struktur entsprechend Abb. 4.1 b vereinfachen. Aus diesem Grund können die generalisierten Koordinaten weiter reduziert werden. Es gilt: $x_3 = x_4$, $y_3 = -y_4$, $y_5 = 0$. Folglich werden die generalisierten Koordinaten $\boldsymbol{q} = (x_2, x_3, y_3, x_5)^{\mathrm{T}}$ gewählt. Ebenfalls können die holonomen Zwangsbedingungen der Drucksegmente 2 und 3 zusammengefasst werden ($\lambda_2 = \lambda_3$). Wegen der Symmetrie der Tensegrity Struktur ist ebenso eine symmetrische Gleichgewichtskonfigurationen zu erwarten. Diese Konfiguration ist offensichtlich und kann analytisch bestimmt werden (Abb. 4.2 a). Des Weiteren ist die eindimensionale Gleichgewichtskonfiguration, welche in Abb. 4.2 b dargestellt ist, ersichtlich. Dabei ist zu vermerken, dass aus Symmetriegründen eine weitere eindimensionale Konfiguration resultiert (Abb. 4.3). Diese eindimensionalen Gleichgewichtskonfigurationen sind jedoch aus der Sicht der angestrebten Anwendung in der mobilen Robotik nicht von Relevanz. Im Folgenden werden multistabile Tensegrity Strukturen mit zweidimensionalen Gleichgewichtskonfigurationen fokussiert.

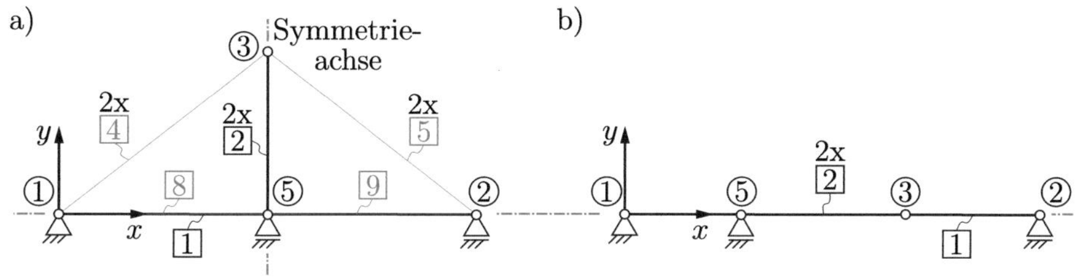

Abbildung 4.2: Symmetrische Gleichgewichtskonfigurationen der Tensegrity Struktur.

Wenn sichergestellt wird, dass die in Abb. 4.2 a und b dargestellten symmetrischen Konfigurationen instabil sind, existiert eine weitere Gleichgewichtskonfiguration. Diese Gleichgewichtslage ist stabil, zweidimensional und fällt nicht mit der Symmetrieachse zusammen. Aus diesem Grund kann die dazugehörige gespiegelte Gleichgewichtslage mit identischer Stabilität garantiert werden. Diese Idee ist in [Sch+18b] dargestellt und in Abb. 4.3 veranschaulicht. Dieser Ansatz ermöglicht demnach die Entwicklung von multistabilen symmetrischen Tensegrity Strukturen. Hierbei ist zu beachten, dass theoretisch weitere Konfiguration aufgrund der Symmetrie bezüglich des Drucksegments 1 zu erwarten sind [Sum+17; Sum18]. Diese werden der Übersichtlichkeit halber vernachlässigt. Nachfolgend gilt $y_3 \geq 0$.
Dementsprechend ist die Stabilität der symmetrischen Gleichgewichtskonfigurationen unter Nutzung der geänderten Hessematrix $\mathbf{H}$ aus (3.14) auszuwerten. Für die nachfolgenden Untersuchungen wird vorausgesetzt, dass $L_2/L_1 \leq 1/2$ gilt. Mittels der in (4.1) formulierten Bedingung kann sichergestellt werden, dass die symmetrische Gleichgewichtskonfiguration aus Abb. 4.2 a instabil ist. Analog dazu lässt sich ebenfalls ein Stabilitätskriterium für die eindimensionalen Gleichgewichtskonfiguration aus

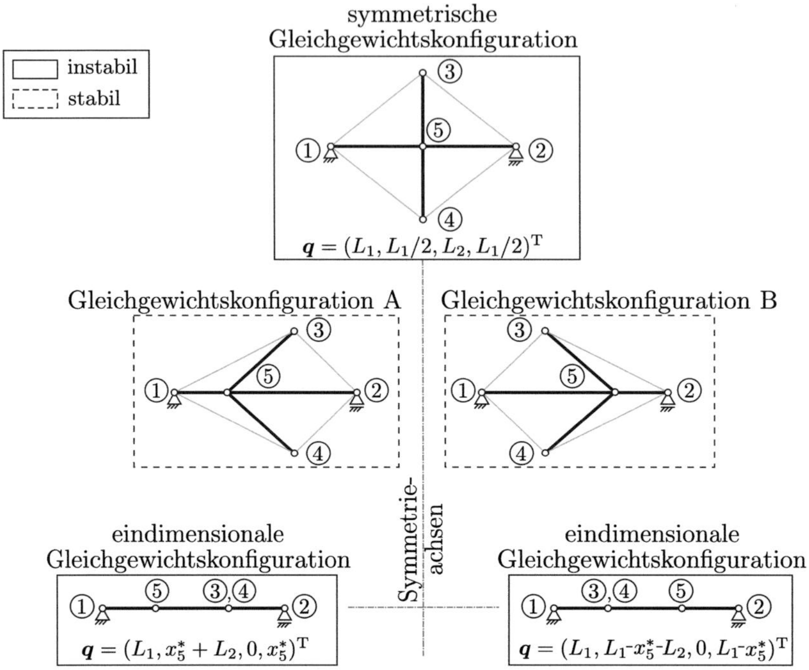

Abbildung 4.3: Entwicklung von multistabilen Tensegrity Strukturen durch Nutzung der symmetrischen Eigenschaften mit $x_5^* = \left(L_1\left(2+\frac{k_8}{k_4}\right)-4L_2\right)/\left(4+2\frac{k_8}{k_4}\right)$.

Abb. 4.2 b herleiten. Diese Bedingung ist in (4.2) dargestellt. Hierbei wird deutlich, dass der Parameter l_8 keinen Einfluss auf die Stabilität der betrachteten Gleichgewichtskonfigurationen hat.

$$\frac{l_4}{L_1} > \frac{1}{\left(\frac{k_8}{k_4}+2\right)^2} - \frac{4\left(\frac{L_2}{L_1}\right)^2\left(\frac{k_8}{k_4}\right)^2}{\left(\frac{k_8}{k_4}+2\right)^3} \tag{4.1}$$

$$\frac{l_4}{L_1} < \frac{\sqrt{4\left(\frac{L_2}{L_1}\right)^2+1}}{32\left(\frac{L_2}{L_1}\right)^2}\left(16\left(\frac{L_2}{L_1}\right)^2+\frac{k_8}{k_4}+2-\sqrt{4+\left(\frac{k_8}{k_4}\right)^2+\left(32\left(\frac{L_2}{L_1}\right)^2+4\right)\frac{k_8}{k_4}}\right) \tag{4.2}$$

Unter Nutzung von (4.1) und (4.2) können Grenzen hinsichtlich der Parameterwerte bzw. eine Beziehung zwischen den mechanischen Größen hergestellt werden, die für die Realisierung einer multistabilen Struktur notwendig sind. Dieser Sachverhalt ist in Abb. 4.4 dargestellt. Für die betrachtete Tensegrity Struktur resultiert ein definierter Parameterbereich, in dem die Multistabilität gewährleistet wird. Weiterhin sind die

Parameter L_1 und k_4 entkoppelt, sodass eine beliebige Skalierung der Struktur bezüglich der Größe und Vorspannung möglich ist. Anhand dieser Ergebnisse wird deutlich, dass der Vorspannungszustand für die Multistabilität von Tensegrity Strukturen von essentieller Bedeutung ist.

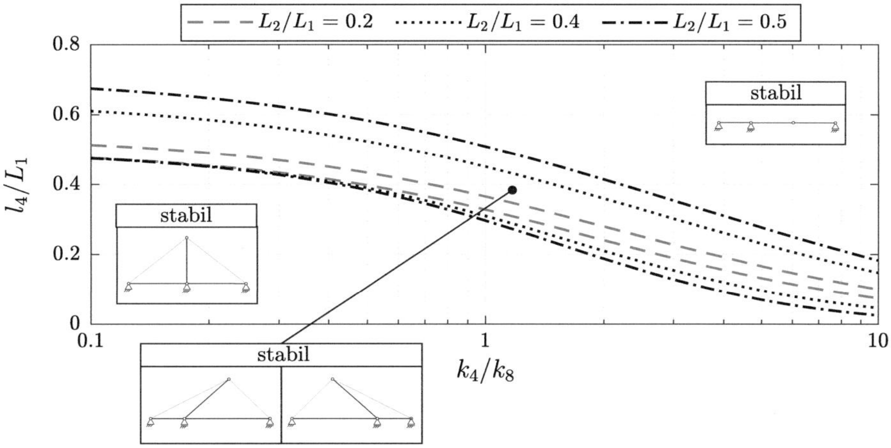

Abbildung 4.4: Parameterbereich der betrachteten zweidimensionalen symmetrischen Tensegrity Strukturen in denen mehrere stabile Gleichgewichtskonfigurationen existieren.

4.1.2 Multistabilität durch Periodizität

Der im vorherigen Abschnitt vorgestellte Ansatz ermöglicht den Entwurf von symmetrischen Tensegrity Strukturen mit mehreren stabilen Gleichgewichtskonfigurationen. Die Anzahl dieser stabilen Konfigurationen ist durch die Anzahl der Symmetrieachsen gegeben und dementsprechend beschränkt. Innerhalb dieses Abschnitts wird eine weitere Möglichkeit zum Entwurf von multistabilen Strukturen erläutert. Dieser Ansatz basiert auf der Nutzung von zyklisch periodischen Bereichen innerhalb der Topologie. Dabei wird die Periodizität durch die Nutzung von regulären Polygonen realisiert. Diese Idee ist qualitativ in Abb. 4.5 veranschaulicht. Die dargestellte zweidimensionale Tensegrity Struktur besteht aus $n = 15$ Segmenten, die in $N = 6$ Knoten verbunden sind. Hierbei sind die Knoten $i = 3, 4, 5, 6$ über Drucksegmente derart verbunden, dass ein starres Quadrat innerhalb der Topologie resultiert. Es wird auch hier ein symmetrischer Aufbau der Struktur vorausgesetzt, d. h. alle Zugsegmente sind identisch. Aufgrund der gewählten Topologie ist dieses starre Polygon ausschließlich über Zugsegmente mit der restlichen Struktur verbunden. Folglich ist die Position und die Orientierung des Quadrates in der Ebene durch die Vorspannung der Struktur definiert. Es wird vorausgesetzt, dass die skizzierte Konfiguration eine stabile Gleichgewichtslage darstellt. Offensichtlich resultieren infolge einer Drehung des Quadrates in der Ebene wiederkehrend äquivalente Konfigurationen. Dies ist in Abb. 4.5 für die Gleichgewichtskonfiguration dargestellt. Dementsprechend erhält man viermal die äquivalente Gleichgewichtskonfiguration mit identischer Stabilität. Obwohl die Gestalt dieser Konfigurationen identisch ist, handelt es sich um unterschiedliche Lagen des inneren Quadrates. Dieser Aspekt ist durch die Angabe der Knotennummern veranschaulicht. Somit wechselt beispielsweise Knoten 3 seine Position und nimmt nach einer Drehung von 90° gegen den Uhrzeigersinn die ursprüngliche Position von Knoten 4 ein. Demnach ist die Anzahl der stabilen Gleichgewichtslagen durch die Wahl des regulären Polygons gegeben.

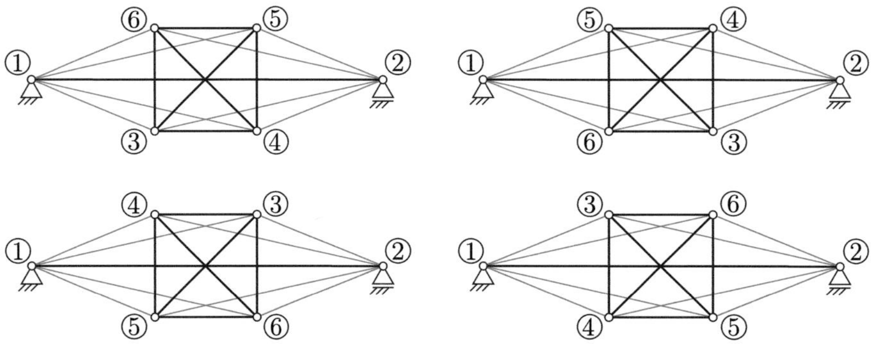

Abbildung 4.5: Zweidimensionale Tensegrity Struktur mit zyklisch periodischem Teilsystem (starres Quadrat) und 4 stabilen Gleichgewichtskonfigurationen.

Analog zu diesen Betrachtungen würde die Wahl eines gleichmäßigen Sechsecks 6 stabile Gleichgewichtskonfiguration garantieren. Bei Nutzung von Polygonen mit ungerader Eckanzahl tritt jedoch infolge der Symmetrie ein weiterer Effekt auf, der in Abb. 4.6 beispielhaft für ein gleichseitiges Dreieck dargestellt ist. Auch für dieses Beispiel resultieren infolge der zyklischen Periodizität wiederkehrende Konfigurationen bei Drehung des Dreiecks (Abb. 4.6 a). Aufgrund der ungeraden Eckanzahl des Polygons existieren zusätzliche Konfigurationen (Abb. 4.6 b). Folglich würden für ein reguläres Fünfeck 10 stabile Gleichgewichtskonfigurationen existieren. Demnach ermöglicht dieser Ansatz den Entwurf von zweidimensionalen Tensegrity Strukturen mit mehreren stabilen Gleichgewichtskonfigurationen durch Nutzung von regulären Polygonen. Die Anzahl der Gleichgewichtskonfigurationen wird durch Eckanzahl p des Polygons bestimmt.

Demnach gilt:

Die Nutzung eines regulären Polygons (p Ecken) innerhalb einer symmetrischen zweidimensionalen Struktur ermöglicht p stabile Gleichgewichtskonfiguration, wenn p gerade ist bzw. $2p$ stabile Gleichgewichtskonfiguration, wenn p ungerade ist.

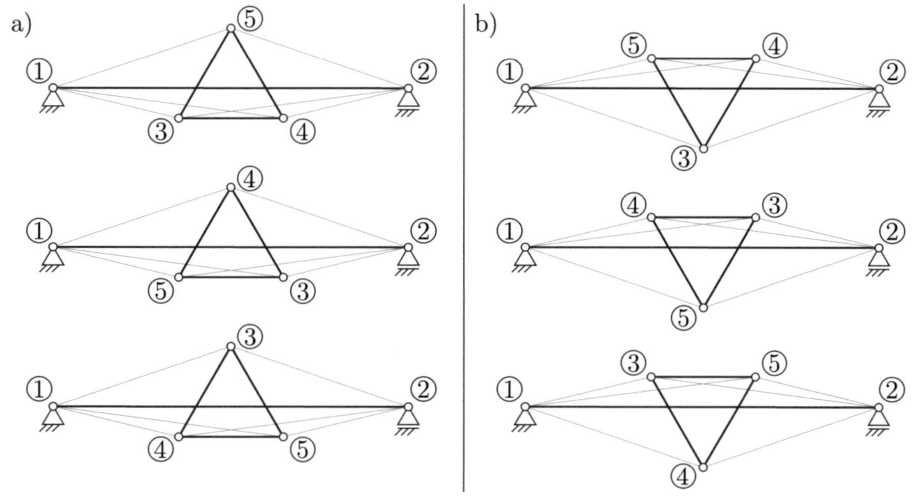

Abbildung 4.6: Zweidimensionale Tensegrity Struktur mit zyklisch periodischem Teilsystem (starres gleichseitiges Dreieck) – a) 3 stabile Gleichgewichtskonfigurationen durch zyklische Periodizität, b) 3 weitere stabile Gleichgewichtskonfigurationen infolge von Symmetrie.

4.2 Wechsel zwischen Gleichgewichtskonfigurationen

Im vorherigen Abschnitt wurden zwei Ansätze für den Entwurf der Topologie multistabiler Tensegrity Strukturen präsentiert. Ein wesentlicher Vorteil der Multistabilität ist, dass die unterschiedlichen Gleichgewichtskonfigurationen mit verschiedenen statischen und dynamischen Eigenschaften korrespondieren können. Somit ist eine diskrete Anpassung der mechanischen Eigenschaften durch den Wechsel zwischen den Konfigurationen möglich. Dieser Aspekt macht derartige Strukturen insbesondere für den Einsatz in der Robotik attraktiv. Die Ausnutzung des multistabilen Charakters erfordert jedoch eine zuverlässige Aktuierungsstrategie der Struktur, die einen Wechsel zwischen den unterschiedlichen stabilen Konfigurationen ermöglicht. Innerhalb dieses Abschnittes werden zwei Ansätze zur Realisierung dieses Konfigurationswechsels vorgestellt. Als Aktuierungsstrategie wird die im vorherigen Kapitel veranschaulichte Kontrolle der unbelasteten Segmentlänge ausgewählter Zugsegmente genutzt.

4.2.1 Konfigurationswechsel auf Basis der Bifurkationstheorie

In diesem Abschnitt wird der Einfluss der Aktuierung auf die Gleichgewichtskonfigurationen untersucht. Es wird die in Abb. 4.6 dargestellte Struktur betrachtet. Diese zweidimensionale Tensegrity Struktur ist nochmals detailliert in Abb. 4.7 mit entsprechender Segmentnummerierung dargestellt.

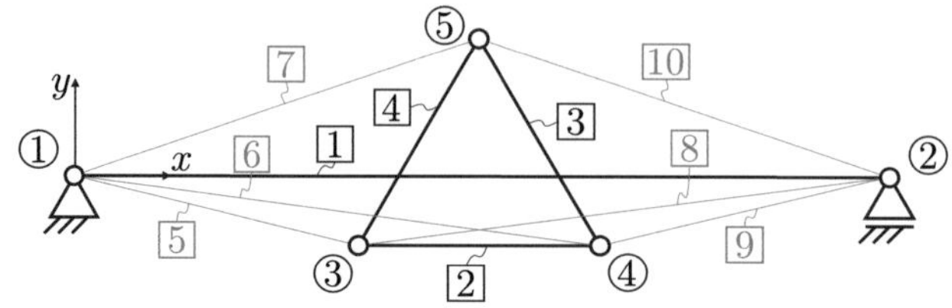

Abbildung 4.7: Zweidimensionale multistabile Tensegrity Struktur mit 6 stabilen Gleichgewichtskonfigurationen.

Die betrachtete Tensegrity Struktur besteht aus $n = 10$ Segmenten, die in $N = 5$ Knoten verbunden sind. Weiterhin beinhaltet die Struktur $m = 4$ Drucksegmente. Die entsprechende Segmentnummerierung ist Abb. 4.7 zu entnehmen. Die zu dieser Struktur zugehörige Inzidenzmatrix $\mathbf{B}$ ist in (4.3) formuliert. Die genutzten mechanischen Parameter sind in Tab. 4.2 aufgelistet. Der Einfachheit halber werden auch hier die Zugsegmente durch Zugfedern mit linearer Kraft-Weg-Kennlinie realisiert.

$$\mathbf{B} = \begin{bmatrix} -1 & 0 & 0 & 0 & -1 & -1 & -1 & 0 & 0 & 0 \\ +1 & 0 & 0 & 0 & 0 & 0 & 0 & -1 & -1 & -1 \\ 0 & -1 & 0 & -1 & +1 & 0 & 0 & +1 & 0 & 0 \\ 0 & +1 & -1 & 0 & 0 & +1 & 0 & 0 & +1 & 0 \\ 0 & 0 & +1 & +1 & 0 & 0 & +1 & 0 & 0 & +1 \end{bmatrix} \tag{4.3}$$

Tabelle 4.2: Mechanische Parameter der betrachteten zweidimensionalen mulitstabilen Tensegrity Struktur.

j	1	2	3	4	5	6	7	8	9	10
M_j [kg]	0.100	0.050	0.050	0.050	—	—	—	—	—	—
L_j [m]	0.100	0.050	0.050	0.050	—	—	—	—	—	—
l_j [m]	—	—	—	—	0.010	0.010	0.010	0.010	0.010	0.010
k_j [N/m]	—	—	—	—	100	100	100	100	100	100
c_j [Ns/m]	—	—	—	—	0.2	0.2	0.2	0.2	0.2	0.2

Die gelagerte Struktur hat gemäß den bisherigen Untersuchungen einen Freiheitsgrad von 3. Für die folgenden Betrachtungen werden die Zugsegmente $j = 5$ und $j = 9$ als aktuierte Zugsegmente vorausgesetzt ($v = 2$). Demnach ist die im vorherigen Kapitel beschriebene Konfigurationskontrolle nicht möglich. Für die nicht-aktuierte Tensegrity Struktur ($\Delta l_{0,5} = \Delta l_{0,9} = 0$ m) sind alle Zugsegmente äquivalent. Für diesen Zustand werden, die Gleichgewichtskonfigurationen der Tensegrity Struktur gemäß (3.10) bestimmt. Für die gewählten mechanischen Parameter resultieren 12 Gleichgewichtskonfiguration. Diese sind in Abb. 4.8 dargestellt. Eine zusätzliche Betrachtung der geränderten Hessematrix $\mathbf{H}$ aus (3.14) ermöglicht eine Auswertung der Stabilität.

Demnach handelt es sich um 6 stabile sowie 6 instabile Gleichgewichtskonfigurationen. Die stabilen Gleichgewichtslagen entsprechen den in Abb. 4.8 mit ungerader Zahl nummerierten Konfigurationen. Konfigurationen mit gerader Nummer sind instabil. Um weiterhin die unterschiedlichen Konfigurationen zu verdeutlichen ist Knoten 3 durch einen schwarzen Kreis markiert.

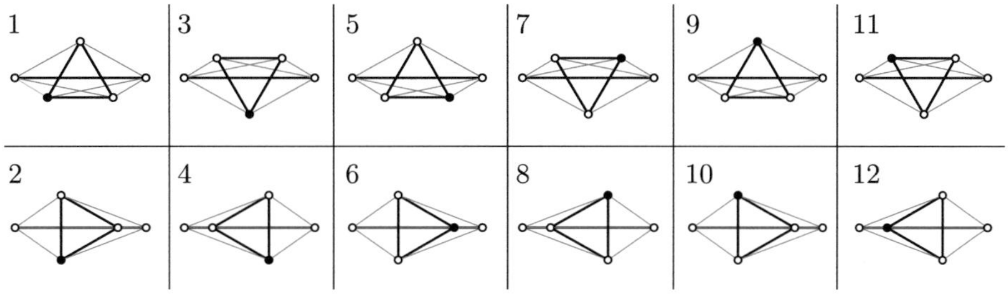

Abbildung 4.8: Detektierte Gleichgewichtskonfigurationen für die nicht-aktuierte Tensegrity Struktur ($\Delta l_{0,5} = \Delta l_{0,9} = 0$ m) mit schwarz markierten Knotenpunkt 3; Konfigurationen mit ungerader Nummer - stabil, Konfigurationen mit gerader Nummer - instabil.

An dieser Stelle wird nochmals deutlich, dass durch die Nutzung von regulären Polygonen (hier: $p = 3$) multistabile Tensegrity Strukturen generiert werden können. Außerdem bestätigt die Anzahl der stabilen Gleichgewichtslagen (hier: $2p = 6$) die Erkenntnisse des vorherigen Abschnittes. Es wird der Einfluss der Aktuatorgrößen $\Delta l_{0,5}$ und $\Delta l_{0,9}$ auf diese Gleichgewichtskonfigurationen untersucht. Im ersten Schritt wird der Einfluss von $\Delta l_{0,5}$ betrachtet. Demnach gilt weiterhin $\Delta l_{0,9} = 0$ m.

Zur effizienten Untersuchung des Einflusses der Aktuatorgröße $\Delta l_{0,5}$ auf die detektierten Gleichgewichtslagen werden nachfolgend Lösungsfortsetzungsmethoden [MV10], insbesondere die *Pseudo-Bogenlänge-Lösungsfortsetzung*, genutzt. Dieser Ansatz ist in [Sch+19a] dargestellt. Mittels der Pseudo-Bogenlänge-Lösungsfortsetzung wird der Einfluss des Aktuatorparameters $\Delta l_{0,5}$ auf jede in Abb. 4.8 dargestellte Konfiguration ausgewertet. Das resultierende Bifurkationsdiagramm ist in Abb. 4.9 dargestellt. Hierbei wird deutlich, das ohne Aktuierung der Tensegrity Struktur ($\Delta l_{0,5} = 0$ m) tatsächlich 12 Gleichgewichtskonfigurationen auftreten von denen 6 stabil und 6 instabil sind. Wird jedoch eine Aktuatorgröße von beispielsweise $\Delta l_{0,5} = 0.010$ m gewählt, so verbleiben von den ursprünglich detektierten 12 Gleichgewichtskonfigurationen lediglich 4. Dieser Sachverhalt ist mit dem Auftreten diverser Bifurkationspunkte zu erklären. Diese Bifurkationen limitieren den Existenzbereich der verschiedenen Gleichgewichtskonfigurationen. Demnach ist beispielsweise die Existenz der stabilen Gleichgewichtskonfiguration 3 durch die Bifurkationspunkte $S_{2,3}$ und $S_{3,4}$ begrenzt. Hierbei handelt es sich um *Sattel-Knoten-Bifurkationen.* Derartige Bifurkationspunkte entstehen durch die Annäherung einer stabilen und einer instabilen Konfiguration, die im Bifurkationspunkt verschmelzen und sich anschließend eliminieren [MV10]. Somit führt jede Sattel-Knoten-Bifurkation zur Eliminierung einer stabilen und einer instabilen Gleichgewichtskonfiguration. Weiterhin sind in Abb. 4.9 *superkritische*

Heugabel-Bifurkationen (z.B. $H_{5,6,7}$) zu erkennen. Hierbei, verschmelzen 2 stabile und eine instabile Gleichgewichtslage zu einer stabilen Gleichgewichtskonfiguration [MV10]. Demnach erfolgt auch hier eine Reduktion der Anzahl der stabilen und instabilen Konfigurationen. Dadurch wird nochmals deutlich, dass die Vorspannung der Struktur für die Multistabilität bzw. allgemein für die Anzahl der auftretenden Gleichgewichtskonfigurationen entscheidend ist.

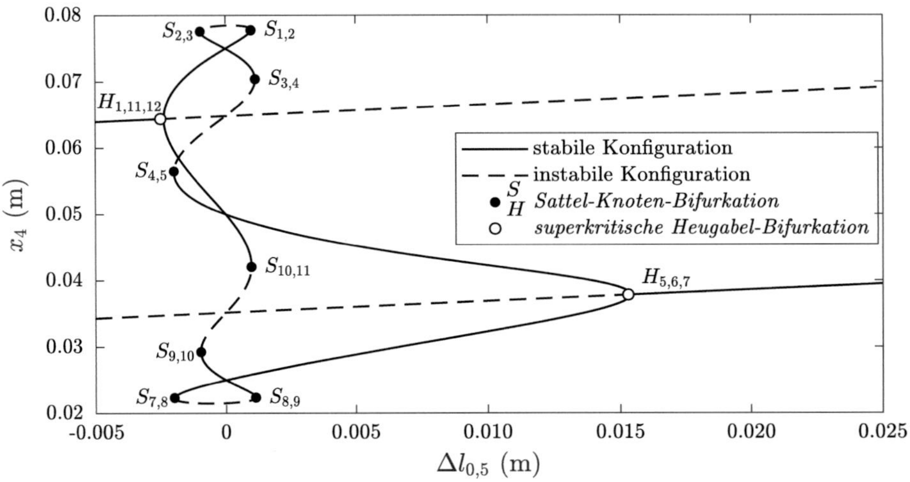

Abbildung 4.9: Bifurkationsdiagramm der Gleichgewichtskonfigurationen der betrachteten zweidimensionalen multistabilen Tensegrity Struktur mit markierten Bifurkationspunkten bezüglich des Aktuatorparameters $\Delta l_{0,5}$.

Basierend auf den gezeigten Ergebnissen, wird eine gezielte Ausnutzung dieser Bifurkationen angestrebt, um die Existenzbereiche der stabilen Gleichgewichtslagen zu bestimmen. Hierzu wird die zweite Aktuatorgröße $\Delta l_{0,9}$ berücksichtigt. Es erfolgt eine erneute Lösungsfortsetzung unter Nutzung der Pseudo-Bogenlänge-Lösungsfortsetzung bezüglich der detektierten Bifurkationspunkte. Somit können die jeweiligen Bifurkationspunkte in Abhängigkeit von $\Delta l_{0,9}$ dargestellt werden. Für die Existenz der stabilen Konfiguration 3 sind die Sattel-Knoten-Bifurkationen $S_{2,3}$ und $S_{3,4}$ relevant. Diese umranden gemeinsam eine Fläche Γ_3, die den Existenzbereich der Konfiguration 3 darstellt.[1] Außerdem stellt der Schnittpunkt von $S_{2,3}$ und $S_{3,4}$ eine *subkritische Heugabel-Bifurkation* $H_{2,3,4}$ dar. Bei diesem Bifurkationstyp verschmelzen zwei instabile und eine stabile Konfiguration zu einer instabilen Konfiguration [MV10]. Die resultierenden Existenzbereiche aller stabilen Gleichgewichtskonfigurationen sind in Abb. 4.10 dargestellt und werden mit Γ_g $(g = 1, 3, 5, 7, 9, 11)$ bezeichnet.

[1] Bemerkung: Infolge der Aktuierung $\Delta l_{0,5} \neq 0$ m ändert sich die Form der Struktur in den einzelnen Gleichgewichtskonfigurationen. Solange nach der Aktuierung (Rückkehr in die nicht-aktuierte Konfiguration $\Delta l_{0,5} = 0$ m) die ursprüngliche Gleichgewichtskonfiguration resultiert, werden auch diese Konfigurationen entsprechend Abb. 4.8 nummeriert.

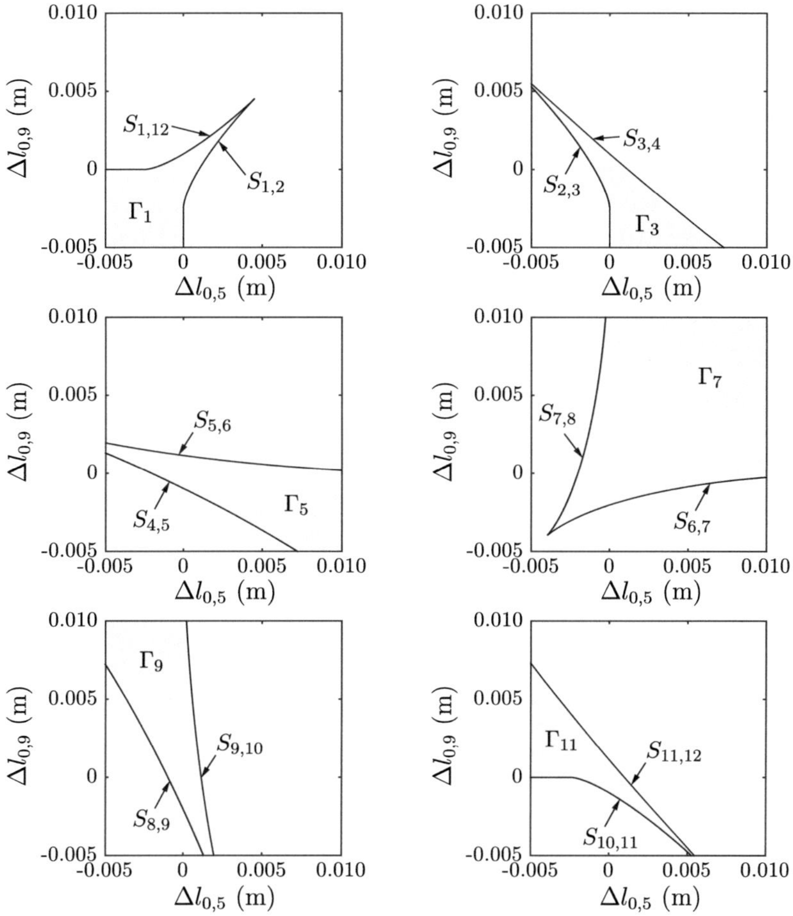

Abbildung 4.10: Existenzbereiche Γ_g $(g = 1, 3, 5, 7, 9, 11)$ der stabilen Gleichgewichtskonfigurationen der Tensegrity Struktur limitiert durch entsprechende Bifurkationspunkte.

Somit resultieren für alle detektierten stabilen Gleichgewichtskonfigurationen limitierte Existenzbereiche. Ein Wechsel in eine andere stabile Gleichgewichtskonfiguration ohne Verlassen dieses Existenzbereiches der aktuellen Gleichgewichtslage ist nur bedingt möglich, da hierzu eine instabile Gleichgewichtskonfiguration mit höherem Formänderungsenergieniveau überschritten werden muss. Dies erfordert jedoch einen hohen Energieaufwand hervorgerufen durch eine dynamische bzw. impulsartige Aktuierung. Außerhalb dieser Parameterbereiche existieren die entsprechenden Konfigurationen jedoch nicht, sodass automatisch ein Wechsel in eine andere stabile Konfiguration resultiert. Hierzu ist die Nutzung von dynamischen Effekten nicht notwendig. Dieser letztere Sachverhalt wird exemplarisch unter Nutzung numerischer Simulationen analysiert. Hierzu wird als Initialkonfiguration die stabile Gleichgewichtskonfiguration 5 gewählt. Gemäß Abb. 4.10 ist der entsprechende Existenzbereich von Konfiguration

5 gegeben. Es werden verschiedene Aktuierungsvarianten (Abb. 4.11 a: $\Delta l_{0,9} = 0$ m; Abb. 4.11 b: $\Delta l_{0,5} = 0$ m) getestet, um einen Konfigurationswechsel zu erzielen. Diese Aktuierungsstrategien sowie die y-Komponente des Knotenpunkts 4 sind in Abb. 4.11 dargestellt. Hierbei repräsentiert die gestrichelte Linie die theoretische Grenze des Existenzbereichs Γ_5. Die Ergebnisse in Abb. 4.11 bestätigen, dass solange der Existenzbereich Γ_5 nicht verlassen wird, kein Konfigurationswechsel auftritt (Abb. 4.11 schwarze Linien). Erst beim Verlassen dieses Existenzbereichs, resultiert ein Wechsel der Konfiguration (Abb. 4.11 graue Linien). Hierbei ist zu beachten, dass infolge der Aktuierung in Abb. 4.11 a ($\Delta l_{0,9} = 0$ m) ein Wechsel in Konfiguration 3 resultiert. Für die Aktuierungsstrategie in Abb. 4.11 b ($\Delta l_{0,5} = 0$ m) resultiert ein Wechsel in Konfiguration 7.

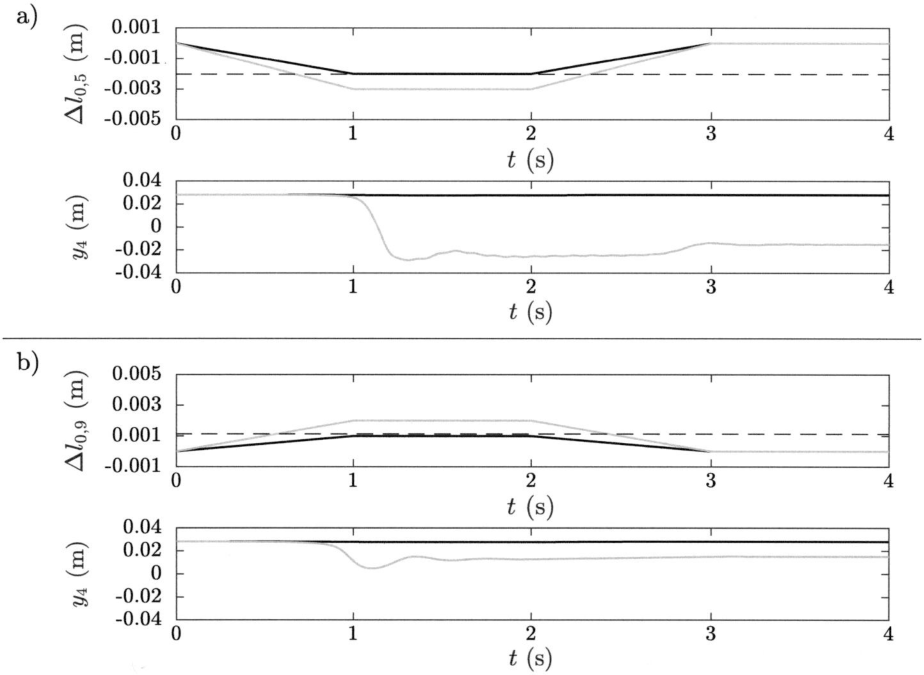

Abbildung 4.11: Dynamische Simulationen zur Verifikation der Existenzbereiche (gestrichtelte Linie: theoretische Grenze des Existenzbereichs Γ_5) – a) Aktuierungsstrategien und resultierende y-Komponente des Knotenpunktes 4 für $\Delta l_{0,9} = 0$ m, b) Aktuierungsstrategien und resultierende y-Komponente des Knotenpunktes 4 für $\Delta l_{0,5} = 0$ m.

Demnach gilt:
Das Verlassen des Existenzbereiches der aktuellen Gleichgewichtskonfiguration einer multistabilen Tensegrity Struktur initialisiert den Wechsel in eine andere stabile Gleichgewichtskonfiguration.

Die Initialisierung des Gleichgewichtslagenwechsels erfolgt durch die Aktuierung der Tensegrity Struktur. Jedoch ist eine modellbasierte Vorhersage der resultierenden stabilen Gleichgewichtslage noch nicht möglich. Folglich werden die Betrachtungen zu den Existenzbereichen erweitert. Es ist ersichtlich, dass der nicht-aktuierte Zustand ($\Delta l_{0,5} = \Delta l_{0,9} = 0$ m) in allen Existenzbereichen enthalten ist. Folglich können für diesen Zustand alle detektierten stabilen Gleichgewichtskonfigurationen auftreten. Es gibt aber ebenfalls Aktuatorkonfigurationen, die in lediglich einem Existenzbereich enthalten sind. So existiert für die Aktuatorgrößen $\Delta l_{0,5} = \Delta l_{0,9} = 0.010$ m von den detektierten stabilen Gleichgewichtslagen lediglich Konfiguration 7. Somit kann für diesen Zustand das Auftreten von Konfiguration 7 garantiert werden. Für den entsprechenden Vorspannungszustand verfügt die Tensegrity Struktur nur über eine stabile Gleichgewichtskonfiguration und ist demnach nicht mehr als multistabil zu klassifizieren. Derartige Parameterbereiche in denen lediglich eine stabile Gleichgewichtskonfiguration existiert, werden als *monostabil* definiert und mit Ξ bezeichnet. Dieser Ansatz ist in (4.4) dargestellt. Hierbei beschreibt δ das Kronecker-Symbol.

$$\Xi_a = \Gamma_a \setminus (1 - \delta_{ab})\Gamma_b \quad \text{mit } \delta_{ab} = \begin{cases} 1, & \text{wenn } a = b \\ 0, & \text{sonst} \end{cases} \tag{4.4}$$

An dieser Stelle ist zu beachten, dass hierbei vorausgesetzt wird, dass keine zusätzlichen stabilen Gleichgewichtslagen infolge von anderweitigen Bifurkationspunkten entstehen. Für die in dieser Arbeit betrachteten Strukturen kann dies sichergestellt werden. Die

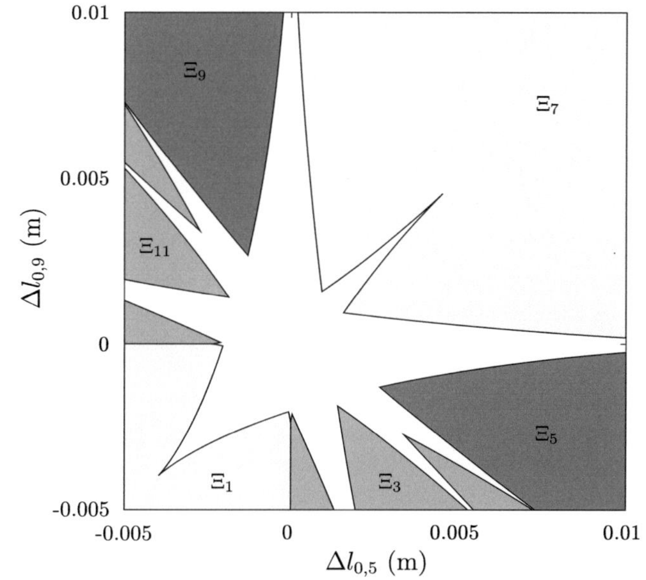

Abbildung 4.12: *Monostabile* Parameterbereiche Ξ_g ($g = 1,3,5,7,9,11$) der stabilen Gleichgewichtskonfigurationen der Tensegrity Struktur.

resultierenden monostabilen Parameterbereiche sind in Abb. 4.12 dargestellt. Diese Abbildung wird im Folgenden als *Aktuatorkarte* bzw. *Aktuierungskarte* bezeichnet. Basierend auf den monostabilen Parameterbereichen kann ein gezielter Wechsel auch ohne Nutzung von dynamischen Effekten zwischen den Gleichgewichtskonfigurationen realisiert werden.
Zur Verifikation der monostabilen Parameterbereiche werden erneut numerische Simulationen ausgewertet, in der die unterschiedlichen Konfigurationen nacheinander angesteuert werden. Die Ergebnisse sind in Abb. 4.13 dargestellt.

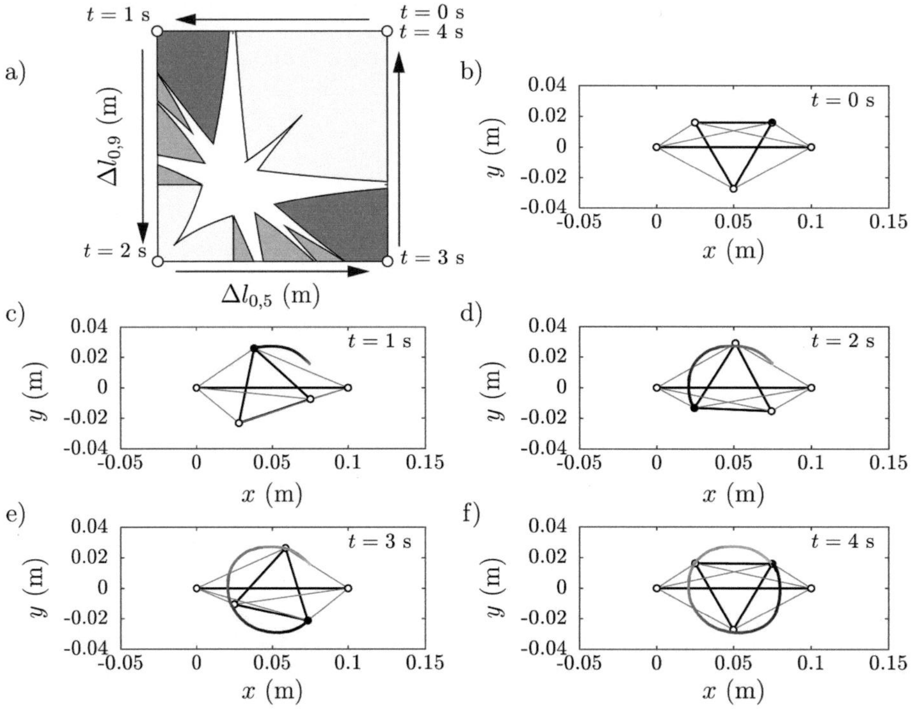

Abbildung 4.13: Konfigurationswechsels durch Wechsel zwischen monostabilen Parameterbereichen und Trajektorie des Knotenpunkts 3 – a) Aktuierungsstrategie, b) Initialkonfiguration 7, c) Wechsel in Konfiguration 9, d) Wechsel in Konfiguration 1 über Konfiguration 11, e) Wechsel in Konfiguration 5 über Konfiguration 3, f) Wechsel in Konfiguration 7.

Die Ergebnisse bestätigen, dass in den monostabilen Parameterbereichen tatsächlich die korrespondierende Gleichgewichtskonfiguration auftritt. Durch einen sukzessiven Wechsel zwischen den stabilen Gleichgewichtskonfigurationen ($7 \rightarrow 9 \rightarrow 11 \rightarrow 1 \rightarrow 3 \rightarrow 5 \rightarrow 7$) konnte eine vollständige Drehung des Polygons bezüglich der z-Achse erzielt werden. Dies wird durch die Trajektorie des Knotenpunkts 3 verdeutlicht. Die eingeführten monostabilen Parameterbereiche sind demnach für den Gleichgewichtslagenwechsel von besonderem Interesse, da die aktuelle Gleichgewichtskonfiguration durch diese Bereiche vorgegeben werden kann.

Demnach gilt:
Mithilfe der entwickelten Aktuierungskarte kann ein gezielter Wechsel zwischen den Gleichgewichtskonifigurationen einer multistabilen Tensegrity Struktur realisiert werden.

Die bisherigen Erkenntnisse können zu einer zuverlässigen Aktuierungsstrategie zum kontrollierten Wechsel zwischen den Gleichgewichtskonfigurationen zusammengefasst werden. Ein Gleichgewichtslagenwechsel wird durch Verlassen des Existenzbereiches Γ der aktuellen Konfiguration initialisiert. Sobald in einem monostabilen Bereich Ξ operiert wird, ist das Auftreten der entsprechenden Gleichgewichtskonfiguration garantiert. Somit ist für einen zuverlässigen und kontrollierten Konfigurationswechsel vom Existenzbereich der aktuellen Konfiguration in den angrenzenden monostabilen Parameterbereich der angestrebten Konfiguration zu wechseln. Anschließend kann innerhalb des Existenzbereiches der angestrebten Konfiguration der gewünschte Zustand angesteuert werden. An dieser Stelle ist abschließend zu betonen, dass dieser Ansatz unabhängig von der Strukturdynamik ist. Demnach spielen die Zeitverläufe der Aktuierungsparameter keine Rolle. Nach Abklingen transienter Effekte stellt sich stets die gewünschte Gleichgewichtskonfiguration ein.

4.2.2 Konfigurationswechsel durch Nutzung der Strukturdynamik

Die im vorherigen Abschnitt vorgestellte Aktuierungsstrategie zur Realisierung des Gleichgewichtslagenwechsels basiert auf den statischen Eigenschaften der Tensegrity Struktur. Innerhalb dieses Abschnittes wird hierzu ein weiterer Ansatz dargestellt, der auf der Strukturdynamik der Tensegrity Struktur basiert. Dabei wird erneut die in Abb. 4.1 dargestellte symmetrische Tensegrity Struktur betrachtet. Die genutzten Parameterwerte sind in Tab. 4.3 aufgelistet.

Tabelle 4.3: Gewählte Parameterwerte für dynamische Simulation.

j	L_j	m_j	l_j	k_j	c_j
1	0.200 m	0.100 kg	—	—	—
2	0.080 m	0.050 kg	—	—	—
3	0.080 m	0.050 kg	—	—	—
4	—	—	0.0644 m	43 N/m	0.2 Ns/m
5	—	—	0.0644 m	43 N/m	0.2 Ns/m
6	—	—	0.0644 m	43 N/m	0.2 Ns/m
7	—	—	0.0644 m	43 N/m	0.2 Ns/m
8	—	—	0.0299 m	84 N/m	0.2 Ns/m
9	—	—	0.0299 m	84 N/m	0.2 Ns/m

Unter Nutzung der gelisteten Parameter ergeben sich die Verhältnisgrößen $L_2/L_1 = 0.4$, $l_4/L_1 = 0.322$ und $k_8/k_4 \approx 1.95$. Somit ist Tensegrity Struktur für diese Parameterwerte gemäß Abb. 4.4 multistabil. Für den Gleichgewichtskonfigurationswechsel wird beispielhaft das Zugsegment 8 impulsartig aktuiert. Die entsprechende Erregungsfunktion ist in (4.5) formuliert.

$$\Delta l_{0,8}(t) = \begin{cases} \hat{a}_8 \left(1 - \cos\left(\frac{2\pi}{T_p} t\right)\right) & \text{falls } t < T_P \\ 0 & \text{sonst} \end{cases} \tag{4.5}$$

Es wird für unterschiedliche Aktuatorparameter $\hat{a}_8$ und T_P die Systemantwort der Tensegrity Struktur simuliert sowie die resultierende Gleichgewichtslage nach Abklingen der Schwingungen ausgewertet. Hierzu wird als Initialkonfiguration sowohl die Gleichgewichtskonfiguration A als auch die Gleichgewichtskonfiguration B berücksichtigt (Abb. 4.3). Die Simulationsergebnisse sind in Abb. 4.14 abgebildet. Auch die in den Ergebnissen vorliegende Symmetrie ist auf die symmetrischen Struktureigenschaften zurückzuführen. Hierbei wird deutlich, dass infolge der impulsartigen Erregung der Struktur für verschiedene Aktuatorparameter ein Konfigurationswechsel resultiert. Es ist jedoch zu beachten, dass dieser Konfigurationswechsel von den dynamischen Einflussgrößen Dämpfung, Masse und Masseverteilung abhängt. Demnach setzt der Konfigurationswechsel als Ziel der Aktuierung die genaue Kenntnis der Struktureigenschaften voraus.

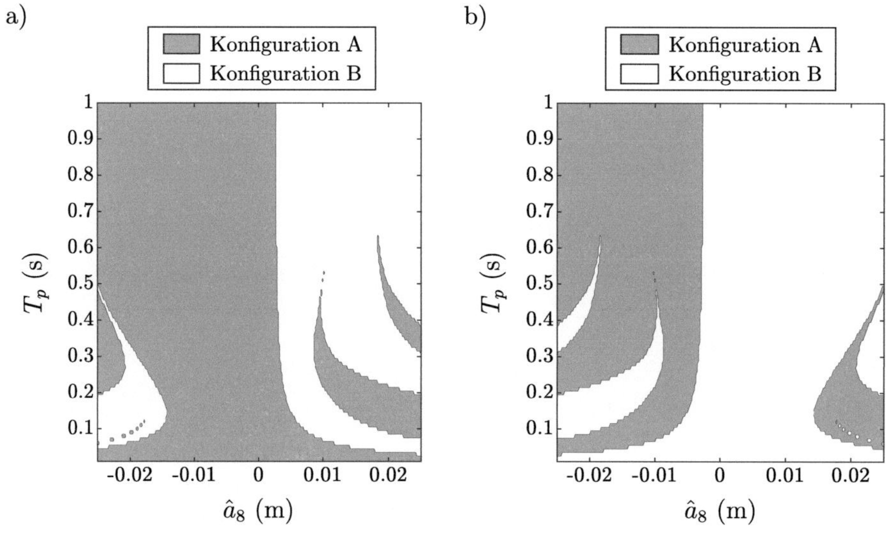

Abbildung 4.14: Konfigurationswechsel der Tensegrity Struktur infolge impulsartiger Aktuierung – a) Initialkonfiguration A, b) Initialkonfiguration B.

4.3 Diskrete Variation dynamischer Eigenschaften durch Gleichgewichtslagenwechsel

In den vorherigen Kapiteln wurde bereits deutlich, dass der Vorspannungszustand der Tensegrity Struktur hinsichtlich der mechanischen Eigenschaften von fundamentaler Bedeutung ist. Die Vorspannung kann nicht nur für die äußere Form der Struktur, sondern ebenfalls für das dazugehörigen mechanische Verhalten maßgebend sein. Durch kontinuierliche Änderung des Vorspannungszustandes können somit die statischen und dynamischen Eigenschaften der Tensegrity Struktur eingestellt werden. Dadurch ermöglichen Tensegrity Strukturen eine große Anpassungsfähigkeit an sich ändernde äußere Einflussgrößen. Multistabile Tensegrity Strukturen erlauben eine zusätzliche diskrete Einstellung des Vorspannungszustandes durch die unterschiedlichen Gleichgewichtskonfigurationen. Dieser Einfluss auf die dynamischen Eigenschaften wird nachfolgend betrachtet und anhand der in Abb. 4.7 abgebildeten Tensegrity Struktur veranschaulicht. Da diese Tensegrity Struktur jedoch äquivalente Gleichgewichtskonfigurationen besitzt (Abb. 4.8), sind identische dynamische Eigenschaften zu erwarten. Um dennoch eine diskrete Einstellung der dynamischen Eigenschaften zu realisieren, wird nachfolgend eine Asymmetrie der Struktur angestrebt. Dies wird durch die konstanten Aktuatorparameter $\Delta l_{0,5} = 0.0005$ m und $\Delta l_{0,9} = -0.0005$ m realisiert. Für diese Aktuierung existieren gemäß Abb. 4.10 alle stabilen Gleichgewichtskonfigurationen. Die resultierenden 6 stabilen Gleichgewichtlagen sind in Abb. 4.15 dargestellt. Im Folgenden werden relevante strukturdynamischen Eigenschaften in den verschieden stabilen Gleichgewichtskonfigurationen betrachtet und gegenübergestellt.

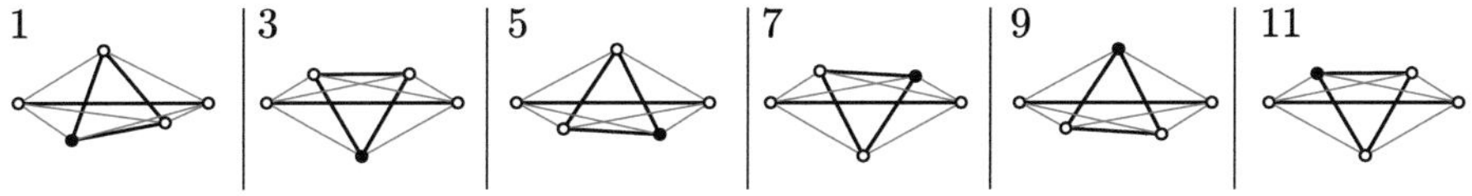

Abbildung 4.15: Stabile Gleichgewichtskonfigurationen der Tensegrity Struktur mit $\Delta l_{0,5} = 0.0005$ m und $\Delta l_{0,9} = -0.0005$ m.

4.3.1 Linearisierung zur Abschätzung der Strukturdynamik

Für multistabile Tensegrity Strukturen sind die aus (3.9) resultierenden Bewegungsdifferentialgleichungen stets nichtlinear. Dies wird anhand des Gleichungssystems (3.10) zur Bestimmung der Gleichgewichtskonfigurationen ersichtlich. Für lineare Gleichungssysteme existieren ausschließlich keine, eine oder unendlich viele Lösungen, welche die Gleichgewichtslage beschreiben. Demnach können multistabile Strukturen nur durch nichtlineare Gleichungssysteme beschrieben werden. Somit sind die entsprechenden dynamischen Eigenschaften ebenfalls nichtlinear. Daraus folgt, dass die Beschreibung des dynamischen Verhaltens Rechnerunterstützung erfordert. Um dennoch allgemeine Aussagen über die verschiedenen Charakteristiken der unterschiedlichen Gleichgewichtskonfigurationen treffen zu können, wird im Folgenden eine Approximation der Strukturdynamik vorgestellt. Hierzu wird die Strukturdynamik durch einen minimalen

Satz von $DN - m$ generalisierten Koordinaten beschrieben, die mit den holonomen Zwangsbedingungen verträglich sind. Diese Koordinaten sind im Vektor $\boldsymbol{p} \in \mathbb{R}^{DN-m}$ zusammengefasst. Infolge dieser Formulierung wird das differential-algebraische Gleichungssystem aus (3.9) in ein Differentialgleichungssystem überführt. Dieses kann unter Vernachlässigung der Aktuierung, wie in (4.6) dargestellt, kompakt formuliert werden. Hierbei beschreibt $\mathbf{M}$ die Massenmatrix und $\mathbf{C}$ die Dämpfungsmatrix. Der Vektor $\boldsymbol{V}$ enthält die Vorspannung der Tensegrity Struktur infolge der Verformung der Zugsegmente und auftretende Zentrifugal- und Corioliskräfte werden durch $\boldsymbol{Z}$ berücksichtigt.

$$\mathbf{M}(\boldsymbol{p})\,\ddot{\boldsymbol{p}} + \mathbf{C}(\boldsymbol{p})\,\dot{\boldsymbol{p}} + \boldsymbol{Z}(\boldsymbol{p},\dot{\boldsymbol{p}}) + \boldsymbol{V}(\boldsymbol{p}) = \mathbf{0} \tag{4.6}$$

Dieses nichtlineare Differentialgleichungssystem wird bezüglich der stabilen Gleichgewichtskonfigurationen linearisiert, um das dynamische Verhalten abzuschätzen. Dies ist gemäß dem Satz von Hartman-Grobman erlaubt. Die entsprechende Gleichgewichtskonfiguration wird durch $\boldsymbol{p} = \boldsymbol{p}^{(g)}$ $(g = 1, 3, 5, 7, 9, 11)$ und $\dot{\boldsymbol{p}} = \mathbf{0}$ beschrieben. Dieser Ansatz wird in (4.7) formuliert. Hierbei beschreibt $\mathbf{K}^{(g)}$ die entsprechende Steifigkeitsmatrix der Struktur. Die Zentrifugal- und Corioliskräfte entfallen infolge dieser Linearisierung. Es ist jedoch stets zu beachten, dass sich die Gültigkeit der linearisierten Strukturdynamik auf kleine Verformungen bezüglich der gewählten Gleichgewichtskonfiguration beschränkt.

$$\begin{aligned} &\mathbf{M}^{(g)}\ddot{\boldsymbol{\xi}}^{(g)} + \mathbf{C}^{(g)}\dot{\boldsymbol{\xi}}^{(g)} + \mathbf{K}^{(g)}\boldsymbol{\xi}^{(g)} = \mathbf{0} \\ &\text{mit } \boldsymbol{\xi}^{(g)} = \boldsymbol{p} - \boldsymbol{p}^{(g)},\ \mathbf{M}^{(g)} = \mathbf{M}\big|_{\boldsymbol{p}=\boldsymbol{p}^{(g)}},\ \mathbf{C}^{(g)} = \mathbf{C}\big|_{\boldsymbol{p}=\boldsymbol{p}^{(g)}},\ \mathbf{K}^{(g)} = \left.\frac{\mathrm{d}\boldsymbol{V}}{\mathrm{d}\boldsymbol{p}}\right|_{\boldsymbol{p}=\boldsymbol{p}^{(g)}} \end{aligned} \tag{4.7}$$

Dieses linearisierte Differentialgleichungssystem ermöglicht eine analytische Betrachtung der dynamischen Eigenschaften. Die Strukturdynamik wird hierbei durch den homogenen Lösungsanteil von (4.7) beschrieben. Diese Charakteristik enthält die Eigenkreisfrequenzen und Eigenmoden der Struktur, welche durch eine Modalanalyse ausgewertet werden. Die Modalanalyse basiert auf der Lösung des in (4.8) dargestellten Matrix-Eigenwert-Problems. Hierbei beschreiben σ_k die Eigenwerte und $\boldsymbol{v}_k$ die dazugehörigen Eigenvektoren $(k = 1, 2, \ldots, DN - m)$. Die entsprechenden Eigenfrequenzen sowie die Eigenmoden können numerisch berechnet werden. Dieser Ansatz wird für die unterschiedlichen stabilen Konfigurationen wiederholt. Die 1. Eigenfrequenzen $f_1^{(g)}$ sowie zugehörige Eigenmoden $\boldsymbol{v}_1^{(g)}$ sind in Abb. 4.16 dargestellt.

$$\left(\sigma_k^2\mathbf{M}^{(g)} + \sigma_k\mathbf{C}^{(g)} + \mathbf{K}^{(g)}\right) \cdot \boldsymbol{v}_k = \mathbf{0} \tag{4.8}$$

Anhand dieser Ergebnisse wird deutlich, dass die 1. Eigenmoden der verschiedenen stabilen Gleichgewichtskonfigurationen qualitativ identisch sind. Mit Blick auf die dazugehörige 1. Eigenfrequenz $f_1^{(g)}$ wird aber deutlich, dass sich diese Werte quantitativ unterscheiden $(f_1^{(1)} \neq f_1^{(3)} \neq f_1^{(5)} \neq f_1^{(7)} \neq f_1^{(9)} \neq f_1^{(11)})$. Diese Resultate bestätigen die diskrete Anpassung der Strukturdynamik infolge eines Gleichgewichtslagenwechsels. Diese Unterschiede der dynamischen Eigenschaften sind bei deutlich verschiedenen Konfigurationen noch ausgeprägter.

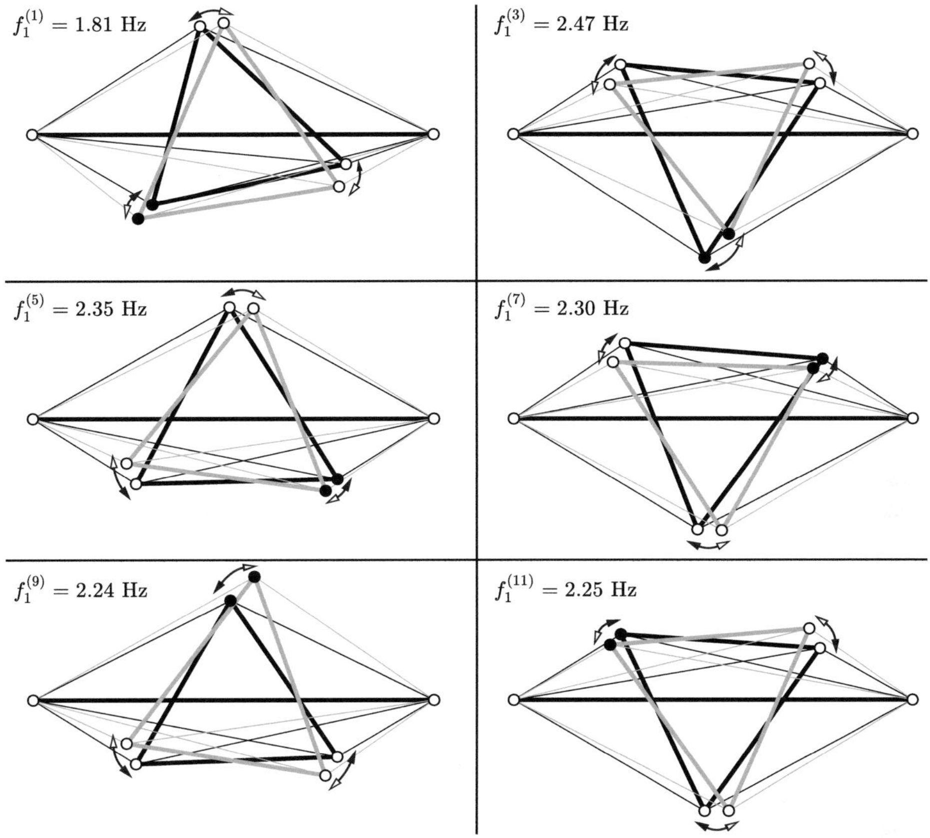

Abbildung 4.16: 1. Eigenfrequenz und zugehörige Eigenmode der verschiedenen stabilen Gleichgewichtskonfigurationen der multistabilen Tensegrity Struktur.

Infolge der Linearisierung der Strukturdynamik ist weiterhin eine Auswertung des dynamischen Übertragungsverhaltens durch eine Frequenzganganalyse möglich. Hierbei werden harmonische Lasten, welche an den Knotenpunkten der Tensegrity Struktur angreifen, vorausgesetzt. Im Folgenden wird der Übersichtlichkeit halber eine einzelne periodische Last berücksichtigt. Hierbei beschreibt der Parameter f_{err} die Erregungsfrequenz. Der Vektor $\boldsymbol{A}_{harm}$ enthält die Amplitude und die Orientierung der periodischen Last. Dementsprechend kann (4.7) durch die harmonischen Last erweitert werden. Es gilt der in (4.9) formulierte Zusammenhang.

$$\mathbf{M}^{(g)}\ddot{\boldsymbol{\xi}}^{(g)} + \mathbf{C}^{(g)}\dot{\boldsymbol{\xi}}^{(g)} + \mathbf{K}^{(g)}\boldsymbol{\xi}^{(g)} = \boldsymbol{A}_{harm}{}^{(g)} \sin(2\pi f_{err}\ t) \tag{4.9}$$

Dieser Ansatz wird im Folgenden beispielhaft dargestellt. Wie in den vorherigen Abschnitten erläutert, wird die Aktuierung der Tensegrity Struktur durch eine Variation der ungedehnten Länge ausgewählter Zugsegmente realisiert. Nachfolgend wird eine periodische Variation der ungedehnten Länge des Zugsegments 5 vorausgesetzt. Im

Folgenden wird das stationäre Systemverhalten (partikuläre Lösung) ausgewertet. Die resultierende Schwingung wird für f_{err} von 0 Hz bis 12 Hz für die unterschiedlichen stabilen Gleichgewichtskonfigurationen ausgewertet. Dabei beschreibt u_i die maximale Verschiebung in x-Richtung am Knoten i. Diese Knotenverschiebung wird bezüglich des statischen Belastungsfalls ($f_{err} = 0$ Hz) normiert. Die Ergebnisse sind in Abb. 4.17 dargestellt.

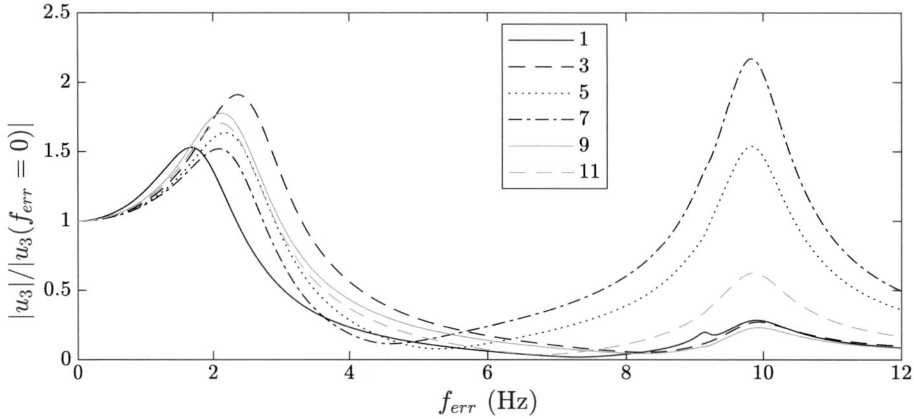

Abbildung 4.17: Übertragungsfunktion der Tensegrity Struktur in den verschiedenen Gleichgewichtskonfigurationen bei periodischer Erregung des Zugsegments 5.

Anhand von Abb. 4.17 werden nochmals die unterschiedlichen Eigenfrequenzen $f_1^{(g)}$, $f_2^{(g)}$ und $f_3^{(g)}$ deutlich. Weiterhin sind die Unterschiede hinsichtlich des Übertragungsverhaltens der verschiedenen stabilen Gleichgewichtskonfigurationen offensichtlich. Diese Ergebnisse bestätigen die diskrete Variation des Übertragungsverhaltens für die unterschiedlichen Gleichgewichtskonfigurationen. Dementsprechend kann durch die Wahl der Gleichgewichtskonfiguration auch das Übertragungsverhalten der Struktur variiert werden.

Demnach gilt:
Der Wechsel zwischen verschiedenen stabilen Gleichgewichtskonfigurationen einer multistabilen Tensegrity Struktur ermöglicht eine diskrete Variation der dynamischen Eigenschaften.

An dieser Stelle ist nochmals hervorzuheben, dass die innerhalb dieses Abschnittes vorgestellten Ergebnisse auf der Linearisierung der Tensegrity Struktur bezüglich einer stabilen Gleichgewichtskonfiguration basieren. Folglich stellen diese Resultate lediglich eine Approximation der tatsächlichen Strukturdynamik dar, welche nur für kleine Auslenkungen gültig ist. Zur Beschreibung weiterer, insbesondere nichtlinearer dynamischer, Effekte ist eine Betrachtung des ursprünglichen Differentialgleichungssystems (4.6) und eine numerische Lösung desselben notwendig.

4.3.2 Betrachtung der nichtlinearen Strukturdynamik

Innerhalb dieses Abschnittes wird das in (3.9) formulierte differential-algebraische Gleichungssystem betrachtet. Dieser Zusammenhang wird als nichtlineares Differentialgleichungssystem formuliert. Die Auswertung des dazugehörigen stationären Verhaltens erfordert an dieser Stelle ein numerisches Lösungsverfahren. Hierbei wird ein RUNGE-KUTTA Verfahren 4. Ordnung mit konstanter Schrittweite ($\Delta t = 10^{-4}$ s) gewählt. Als Anfangsbedingungen werden die stabilen Gleichgewichtskonfigurationen angenommen ($\boldsymbol{q}(t = 0) = \boldsymbol{q}^{(g)}$ mit $g = 1, 3, 5, 7, 9, 11$). Weiterhin wird vorausgesetzt, dass sich zum Beginn der Simulation die Tensegrity Struktur in Ruhe befindet ($\dot{\boldsymbol{q}}(t = 0) = \boldsymbol{0}$). Es wird auch an dieser Stelle eine harmonische Akutierung des Zugsegments 5 betrachtet. Hierbei wird für die Variation der entsprechende ungedehnten Segmentlänge eine Amplitude von 5 mm gewählt. Das stationäre Schwingungsverhalten wird nach 1000 Belastungsperioden angenommen. Anschließend werden 100 weitere Belastungsperioden ausgewertet. Diese Simulation wird für einen Frequenzbereich von 1 Hz $\leq f_{err} \leq$ 12 Hz mit einer Schrittweite von Δf_{err} = 0.01 Hz ausgewertet. Die Ergebnisse sind in Abb. 4.18 a und b beispielhaft für die Gleichgewichtskonfigurati-

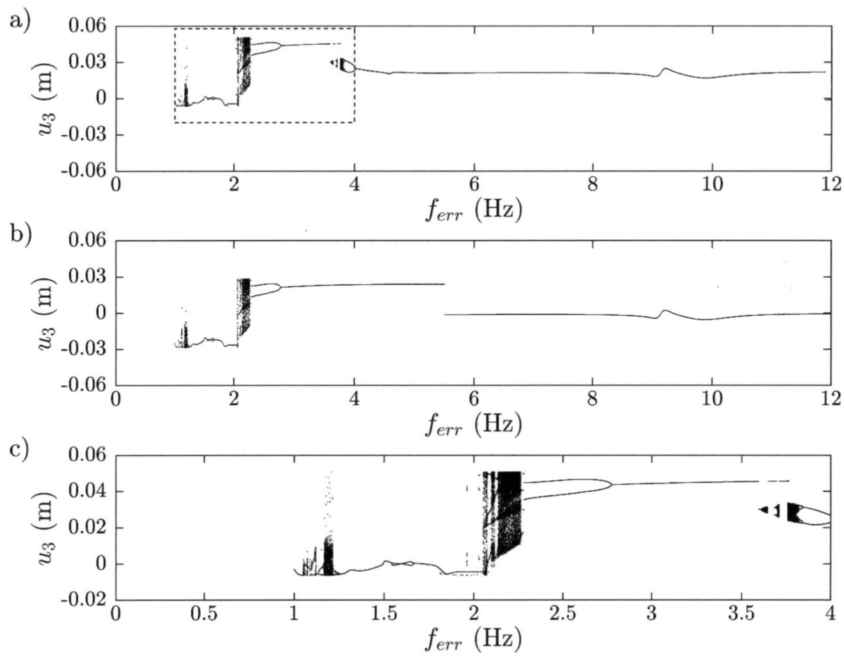

Abbildung 4.18: POINCARÉ-Schnitt für verschiedene Erregerfrequenzen bei harmonischer Aktuierung des Zugsegments 5 mit einer Amplitude von 5 mm – a) Gleichgewichtskonfiguration 1 als Initialkonfiguration, b) Gleichgewichtskonfiguration 3 als Initialkonfiguration, c) Detailansicht des chaotischen Verhaltens mit Gleichgewichtskonfiguration 1 als Initialkonfiguration.

on 1 und 3 als Initialkonfiguration dargestellt. Zur verständlichen Visualisierung der Resultate wird der POINCARÉ-Schnitt genutzt. Hierbei wird zum Beginn jeder Aktuierungsperiode im stationären Zustand die aktuelle Verschiebung des Knotenpunkt 3 in x-Richtung ausgewertet und durch einen Punkt dargestellt. Demnach resultiert für $1T$-periodische Oszillationen ($T = 1/f_{err}$) für jede Periode der identische Zustand. Bei chaotischen Bewegungen ist keinerlei Periodizität erkennbar, sodass im POINCARÉ-Schnitt viele unterschiedliche Punkte resultieren. Ein derartiger chaotischer Frequenzbereich ist in Abb. 4.18 c für den Frequenzbereich von 1 Hz $\leq f_{err} \leq$ 4 Hz mit einer Schrittweite von $\Delta f_{err} = 0.001$ Hz beispielhaft für die stabile Gleichgewichtslage 1 der Tensegrity Struktur als Initialkonfiguration dargestellt.
Beim Vergleich der POINCARÉ-Schnitte für unterschiedliche Initialkonfigurationen der Tensegrity Struktur (Abb. 4.18 a und b) wird deutlich, dass für Aktuierungsfrequenzen im Bereich von 3.5 Hz bis 5.5 Hz das stationäre Schwingungsverhalten unterschiedlich ist. Auch diese Ergebnisse zeigen die Möglichkeit der Beeinflussung der Strukturdynamik durch einen Wechsel zwischen den stabilen Gleichgewichtskonfigurationen. Weiterhin wird an dieser Stelle der nichtlineare Charakter, der zuvor infolge der Linearisierung vernachlässigt wurde, deutlich. Für verschiedene Frequenzbereiche treten keine periodischen Lösungen auf. Diese chaotischen Bereiche werden insbesondere in der Detailansicht in Abb. 4.18 c deutlich ($f_{err} \approx 2.2$ Hz). Hierbei treten nichtlineare Effekte wie Intermittenzen (Abb. 4.18 c, $f_{err} \approx 2.1$ Hz) und Periodenverdopplungen (Abb. 4.18 c, $f_{err} \approx 2.4$ Hz) auf [MPS76; SK89]. Das Schwingungsverhalten der Struktur wird in Abb. 4.19 für drei Aktuierungsfrequenzen betrachtet.
Für eine Erregerfrequenz von 2 Hz tritt eine periodische Schwingung auf. Die dazugehörige Phasenkurve bezüglich der Koordinate x_3 entspricht somit einer geschlossenen Kurve. Der Zustand zum Beginn jeder Aktuierungsperiode wird hier durch einen schwarzen Punkt dargestellt. Bei einer Aktuierungsfrequenz von 2.2 Hz ist keine Periodizität des stationären Verhaltens erkennbar. Dementsprechend resultiert für das Phasendiagramm eine offene Kurve. Das damit verbundene Verhalten ist somit chaotisch. Zur Klassifizierung der Strukturdynamik als chaotisch wird der maximale LYAPUNOV-Exponent $\Lambda_{\max}$ genutzt. Dieser beschreibt die exponentielle Divergenz zweier benachbarter Trajektorien im Phasenraum. Diese Kenngröße in (4.10) definiert [Cro00]. Hierbei beschreibt der Parameter $\boldsymbol{Y}(t, \boldsymbol{y}_0)$ den Fluss der Bewegungsdifferentialgleichung zum Zeitpunkt t und der Anfangsbedingung $\boldsymbol{y}_0$ und der Vektor $\boldsymbol{e}_k$ einen entsprechenden Einheitsvektor. Weiterhin beschreibt der Parameter ε eine marginale Abweichung. Ist der maximale LYAPUNOV-Exponent positiv, so ist das entsprechende dynamische Verhalten chaotisch [MPS76; SK89; Cro00].

$$\begin{aligned} \Lambda_{\max} &= \max(\boldsymbol{\Lambda}) = \max((\Lambda_1, \Lambda_2, \dots, \Lambda_{DN-m})^{\mathrm{T}}) \\ \text{mit } \Lambda_k &= \lim_{t \to \infty} \frac{1}{t} \int_0^t \ln\left(\frac{|\boldsymbol{Y}(\tilde{t}, \boldsymbol{y}_0 + \varepsilon \boldsymbol{e}_k) - \boldsymbol{Y}(\tilde{t}, \boldsymbol{y}_0)|}{\varepsilon}\right) \mathrm{d}\tilde{t} \end{aligned} \tag{4.10}$$

Bei einer Aktuierungsfrequenz von 2.4 Hz tritt erneut ein periodisches Verhalten auf. Jedoch entspricht die Periodendauer der zweifachen Aktuierungsperiodendauer. Dieser Effekt wird als Periodenverdopplung bezeichnet. Das Verhalten wird hinsichtlich des

Phasendiagramms deutlich. Infolge der Periodizität resultiert hierfür erneut eine geschlossene Kurve. Jedoch sind infolge der Periodenverdopplung zwei schwarze Punkte erkennbar.

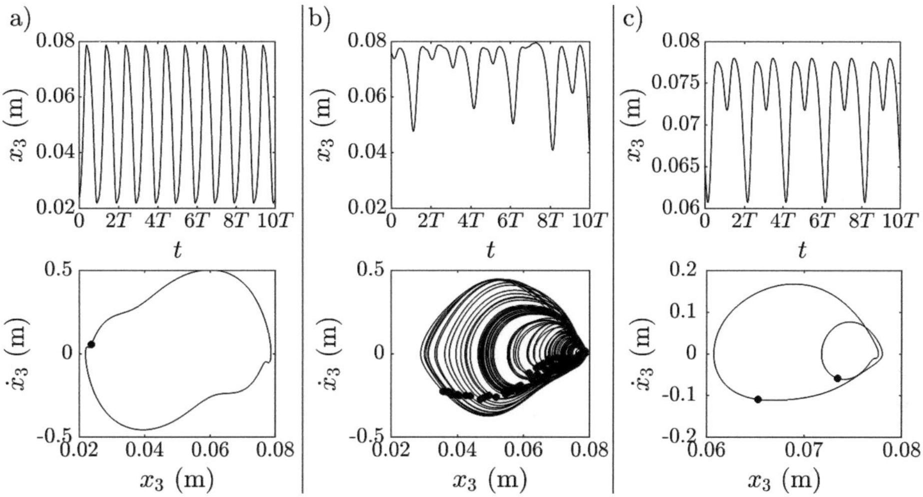

Abbildung 4.19: Stationäres Schwingungsverhalten und Phasenkurve bezüglich x_3 für unterschiedliche Aktuierungsfrequenzen für Gleichgewichtskonfiguration 1 als Initialkonfiguration – a) $f_{err} = 2$ Hz, $\Lambda_{\max} = -9.18$ s^{-1} b) $f_{err} = 2.2$ Hz, $\Lambda_{\max} = 5.45$ s^{-1} c) $f_{err} = 2.4$ Hz, $\Lambda_{\max} = -0.17$ s^{-1}.

Die Betrachtungen verdeutlichen, dass für nahezu identische Aktuierungsfrequenzen nahe der chaotischen Frequenzbereiche signifikant unterschiedliche dynamische Eigenschaften auftreten. Dementsprechend sind derartige Frequenzbereiche für eine reale Applikation zu vermeiden.

4.4 Zusammenfassung

Die innerhalb dieses Kapitels betrachteten multistabilen Tensegrity Strukturen ermöglichen mehrere stabile Gleichgewichtskonfigurationen. Aufgrund dieser Multistabilität handelt es sich hierbei stets um nichtlineare Systeme. Basierend auf der Symmetrie sowie der Periodizität von Topologien von Tensegrity Strukturen wurden zwei Ansätze für den Entwurf derartiger multistabiler Strukturen gegeben. Weiterhin wurden Aktuierungsstrategien zur Realisierung eines kontrollierten Gleichgewichtslagenwechsels präsentiert. Hierbei erscheint insbesondere der Ansatz basierend auf der Bifurkationstheorie der Gleichgewichtskonfigurationen vielversprechend. Diese Methode erlaubt die Ableitung einer Aktuatorkarte mit der die vorhandenen stabilen Gleichgewichtskonfigurationen kontrolliert angesteuert werden können. Abschließend wurde die diskrete Anpassung des dynamischen Verhaltens von multistabilen Tensegrity Strukturen durch Gleichgewichtskonfigurationen mit unterschiedlichen Vorspannungszustand untersucht. Die Ergebnisse bestätigen, dass für verschiedene Gleichgewichtskonfigurationen unterschiedliche strukturdynamische Eigenschaften resultieren. Hierbei wurde jedoch auch das nichtlineare, teilweise chaotische Verhalten von multistabilen Tensegrity Strukturen deutlich.

Insgesamt erscheinen die Vorteile der multistabilen Tensegrity Strukturen vielversprechend. Im folgenden Kapitel wird eine experimentelle Verifikation der theoretischen Ergebnisse dieses Kapitels angestrebt.

Kapitel 5

EXPERIMENTELLE UNTERSUCHUNG DER MULTISTABILEN CHARAKTERISTIK AM PROTOTYP

Die bisherigen Untersuchungen und Ansätze innerhalb dieser Arbeit haben einen theoretischen Hintergrund. Zur experimentellen Verifikation dieser Ergebnisse und Erkenntnisse wird ein Prototyp einer multistabilen Tensegrity Struktur entwickelt. Innerhalb dieses Kapitels wird die technische Umsetzung des Prototyps dargestellt. Hierbei liegt das Hauptaugenmerk auf der Realisierung der Zugsegmente sowie deren Aktuierung. Anschließend wird die Multistabilität der Struktur sowie die Aktuierungsstrategie auf Basis der Bifurkationstheorie zur Realisierung eines Konfigurationswechsels experimentell am Prototyp untersucht und mit den theoretischen Resultaten verglichen.

5.1 Prototyp einer multistabilen Tensegrity Struktur

Es wird die prototypische Umsetzung einer multistabilen Tensegrity Struktur zu experimentellen Zwecken angestrebt. Zur Realisierung von kontrollierten Konfigurationswechseln ist eine Aktuierung der Struktur zur Variation des Vorspannungszustandes zu berücksichtigen. Im Kapitel 6 wird die Anwendung multistabiler Tensegrity Strukturen als Lokomotionssystem thematisiert. Für die dazugehörige experimentelle Untersuchung wird ein Prototyp benötigt. Es ist naheliegend, dass alle Experimente innerhalb dieser Arbeit an einem Prototyp durchgeführt werden. Dementsprechend ist die Entwicklung eines mobilen Roboters basierend auf einer multistabilen Tensegrity Struktur erforderlich. Im Folgenden wird die prototypische Realisierung dieses mobilen Roboters dargestellt.

5.1.1 Realisierung der Struktur

Die Wahl der Topologie der multistabilen Tensegrity Struktur ist entscheidend für die technische Umsetzung des Prototyps. Zur Veranschaulichung und Überprüfung der Multistabilität wird eine Struktur mit geringer Segment- und Knotenanzahl angestrebt. Dennoch soll der Roboter über die geschilderten Vorteile multistabiler Tensegrity Strukturen verfügen. Infolge der bisherigen theoretischen Betrachtungen erscheint die Nutzung von regulären Polygonen mit einheitlichen Zugsegmenten sinnvoll. Basierend auf den theoretischen Erkenntnissen resultiert für ein Polygon mit $p = 4$ Ecken eine multistabile Tensegrity Struktur mit minimaler Anzahl an stabilen Konfigurationen, nämlich 4 (Abb. 4.5). Um weiterhin die Segmentanzahl der Struktur zu minimieren, wird die Anzahl der Zugsegmente reduziert und die Topologie der in Abb. 5.1 dargestellten zweidimensionalen Tensegrity Struktur als Grundlage für den Prototyp gewählt. Diese Tensegrity Stuktur besteht aus $n = 10$ Segmenten, die in $N = 6$ Knoten verbunden sind. Hinsichtlich des Belastungszustands werden die Segmente als Drucksegmente ($j = 1, 2, \ldots, m = 6$) oder Zugsegmente ($j = 7, 8, 9, 10$) klassifiziert. Zur besseren Unterscheidung zwischen den ähnlichen bzw. äquivalenten Konfigurationen werden die Knotenpunkte im Folgenden farblich markiert (Knoten 3: gelb, Knoten 4: grün, Knoten 5: orange, Knoten 6: rot).

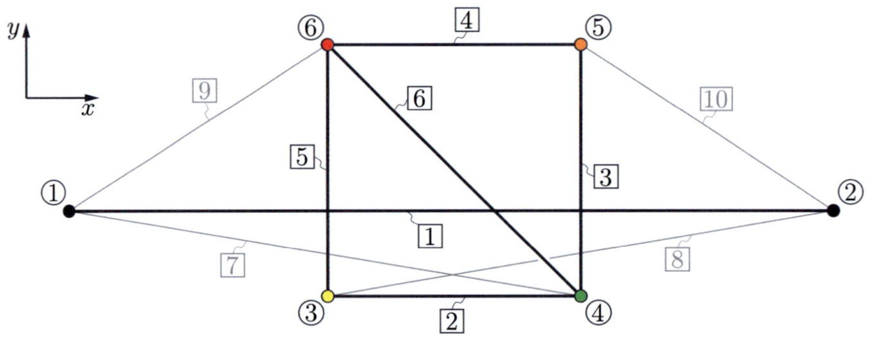

Abbildung 5.1: Topologie einer zweidimensionalen Tensegrity Struktur als Basis für die Entwicklung des Prototyps.

Zur Verdeutlichung des strukturellen Aufbaus dieser Tensegrity Struktur wird erneut die Inzidenzmatrix $\mathbf{B}$ genutzt. Diese ist in (5.1) formuliert.

$$\mathbf{B} = \begin{bmatrix} -1 & 0 & 0 & 0 & 0 & 0 & -1 & 0 & -1 & 0 \\ +1 & 0 & 0 & 0 & 0 & 0 & 0 & -1 & 0 & -1 \\ 0 & -1 & 0 & 0 & -1 & 0 & 0 & +1 & 0 & 0 \\ 0 & +1 & -1 & 0 & 0 & -1 & +1 & 0 & 0 & 0 \\ 0 & 0 & +1 & -1 & 0 & 0 & 0 & 0 & 0 & +1 \\ 0 & 0 & 0 & +1 & +1 & +1 & 0 & 0 & +1 & 0 \end{bmatrix} \tag{5.1}$$

Für die Realisierung eines Prototyps ist eine Erweiterung dieser zweidimensionalen Topologie in z-Richtung erforderlich. Hierbei ist zu berücksichtigen, dass keinerlei Segmentkollisionen infolge des Konfigurationswechsel, d. h. bei Drehung des Polygons (Drucksegmente 2 bis 6) bezüglich der z-Achse, auftreten. Derartige Szenarien werden durch die serielle Aneinanderreihung des Polygons in z-Richtung ausgeschlossen. Diese Polygone sind dabei stets über eine Achse in einem gemeinsamen Knotenpunkt gekoppelt. An dieser Achse liegen ebenfalls die entsprechenden Zugsegmente an. Dieser Ansatz ist in Abb. 5.2 skizziert. Hierbei ist die Symmetrie bezüglich der x-Achse zu garantieren, um das mechanische Modell der Tensegrity Struktur weiterhin auf die x-y-Ebene zu reduzieren.
Die Abmessungen der Drucksegmente bestimmen die Größe des Prototyps. Zur Realisierung eines handlichen Prototyps für experimentelle Untersuchungen im Labor werden die Längen der Drucksegmente entsprechend Tab. 5.2 gewählt. Die Drucksegmente werden in dieser Arbeit durch Aluminiumprofile realisiert. Weiterhin bilden die Drucksegmente 2 bis 6 einen starren quadratischen Körper. Dieser wird durch ein Aluminium-Vierkantprofil realisiert. So wird das Drucksegment 6 im realen Prototyp nicht benötigt. Aus diesem Grund wird dieses Drucksegment im mechanischen Modell im Folgenden als masselos betrachtet.

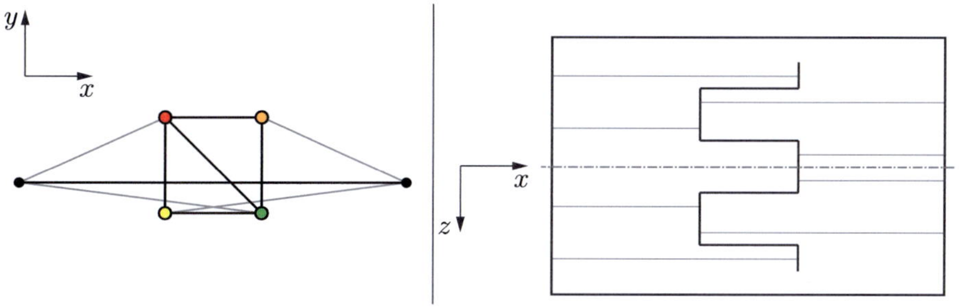

Abbildung 5.2: Erweiterung der zweidimensionalen Topologie der Tensegrity Struktur durch serielle Aneinanderreihung in z-Richtung.

Im Folgenden wird die Realisierung der Zugsegmente dargestellt. In den bisherigen theoretischen Beispielen wurden diese durch lineare Zugfedern realisiert. Jedoch treten bei multistabilen Tensegrity Strukturen große Verformungen der Zugsegmente infolge der Konfigurationswechsel auf. Außerdem ist eine entsprechende Vorspannung der Struktur notwendig, um die Formstabilität der Gleichgewichtskonfigurationen zu gewährleisten. Normierte Zugfedern sind aber hinsichtlich des Verformungspotentials aufgrund der zulässigen elastischen Dehnung des Federstahls limitiert. Demnach können die großen Verformungen lediglich durch Zugfedern mit geringen Steifigkeiten realisiert werden, welche jedoch nicht die notwendige Vorspannung im System gewährleisten. Folglich sind aufwendigere Federschaltungen zur Erfüllung dieser Kriterien erforderlich. Dieser Ansatz steht jedoch im Widerspruch zu dem angestrebten einfachen Systemaufbau. Dementsprechend ist der Einsatz von normierten Zugfedern zur Realisierung der Zugsegmente der multistabilen Tensegrity Struktur nicht befriedigend.

Die Nutzung von Elastomeren als Zugsegmente erscheint hingegen vielversprechend. Das hyperelastische Materialverhalten erlaubt zulässige Dehnungen von mehreren 100%. Die Zugsteifigkeit der aus diesen Materialien bestehenden Zugsegmente kann durch geeignete Auslegung der Querschnittsgeometrie variabel angepasst werden. Allerdings sollen die Besonderheiten der mechanischen Eigenschaften dieser Werkstoffe, insbesondere das nichtlineare Kraft-Weg-Verhalten, Hysterese und MULLINS-Effekt beachtet werden. Insgesamt legitimiert das große Verformungspotential den Einsatz von Elastomeren zur Realisierung der Zugsegmente von multistabilen Tensegrity Strukturen. Die Zugsegmente sollen in ihren Eigenschaften an die Anforderung individuell angepasst sein. Deshalb wurden diese eigens hergestellt. Als Werkstoff wurde ELASTOSIL® M 4601 A/B, ein kommerzieller 2-Komponenten-Silikonkautschuk, gewählt. Dieses Material zeichnet sich durch große zulässige Dehnungen aus. Nach Vermischen der Komponenten wurde das Gemisch in eine Form gefüllt und härtete innerhalb von 24 Stunden bei Raumtemperatur aus. Anschließend konnte das Elastomer der Form entnommen werden. Um ein möglichstes einfaches Design zu gewährleisten, wurden als Zugsegmentgeometrien geschlossene Ringe favorisiert (Abb. 5.3 a und b). Dadurch wird ein einfacher Einbau bzw. eine einfache Lagerung der Zugsegmente durch Einhängen in entsprechende Ösen ermöglicht. Die Kraft-Weg-Kennlinie der Zugsegmente wurde mittels einer uniaxialen Zugmaschine ermittelt. Ein solcher Versuch ist in Abb. 5.3 c abgebildet. Infolge mehrerer Vorversuche im Abgleich mit Simulationen hinsichtlich der Konfigurationswechsel wurden die geometrischen Abmessungen des Elastomers entsprechend Abb. 5.3 a gewählt. Ein resultierendes Zugsegment ist in Abb. 5.3 b dargestellt.

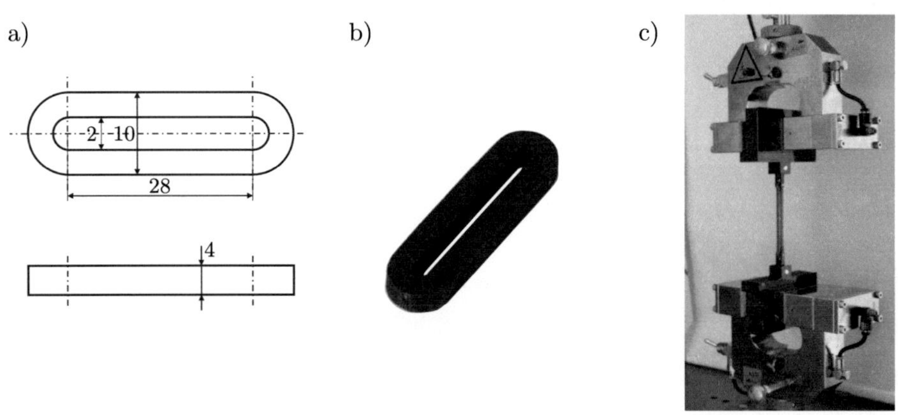

Abbildung 5.3: Einsatz von Elastomerringen als Zugsegmente – a) Geometrie des Elastomerrings, b) Elastomerring aus ELASTOSIL® M 4601 A/B, c) Vorkonditionierung mit uniaxialer Zugmaschine.

Bei der Bestimmung der Kraft-Weg-Kennlinie ist zu beachten, dass aufgrund des hyperelastischen Materialverhaltens eine Vorkonditionierung des Elastomers notwendig ist. Aus diesem Grund wurden die in Tab. 5.1 aufgelistete Lastzyklen zur Vorkonditionierung der Zugsegmente definiert und lediglich der letzte Lastzyklus ausgewertet.

Tabelle 5.1: Lastzyklen zur Vorkonditionierung der Zugsegmente der Tensegrity Struktur mittels einachsiger Zugmaschine.

Lastzyklus (lfd. Nr.)	Anzahl	Verlängerung	Geschwindigkeit
1	2x	2 mm → 28 mm → 2 mm	2 mm/s
2	2x	2 mm → 56 mm → 2 mm	2 mm/s
3	2x	2 mm → 84 mm → 2 mm	2 mm/s
4	3x	2 mm → 90 mm → 2 mm	2 mm/s

Bei der Vorkonditionierung der Zugsegmente ist der MULLINS-Effekt zu beachten [Joh92]. Dieser Effekt beschreibt den Einfluss der bisherigen maximalen Dehnung auf die Spannungs-Dehnungs-Kennlinie des Elastomers. Der MULLINS-Effekt wird in Abb. 5.4 dargestellt. In Abb. 5.4 a ist die ursprüngliche Kraft-Weg-Kennlinie am Ende des 1. Lastzyklus gezeigt. Anhand dieser Abbildung wird bereits die nichtlineare Charakteristik der Kraft-Weg-Kennlinie deutlich. Außerdem ist eine Hysterese zwischen Belastung und Entlastung des Elastomers zu erkennen. Das Elastomer ist für eine maximale Verlängerung von 28 mm vorkonditioniert. Solange dieser Wert nicht überschritten wird, gilt diese Kraft-Weg-Kennlinie. In Abb. 5.4 b beginnt der 2. Lastzyklus. An dieser Stelle wird eine maximale Verlängerung von 56 mm realisiert. Hierbei wird deutlich, dass während der Belastung im Bereich von 0 mm bis 28 mm die Kraft-Weg-Beziehung identisch zu den vorherigen Ergebnissen ist. Im Bereich von 28 mm bis 56 mm resultiert jedoch ein große Hysteresekurve. Außerdem resultiert offensichtlich bei der Entlastung im Bereich von 0 mm bis 28 mm eine neue Kraft-Weg-Charakteristik. Die gestrichelte Kurve aus Abb. 5.4 b wird als „jungfräuliche“ Belastungskurve bezeichnet. Die Wiederholung des 2. Lastzyklus ist in Abb. 5.4 c dargestellt. Anhand der Ergebnisse wird deutlich, dass die Entlastungskurve identisch zu der vorherigen Messung ist. Die Belastungskurve hat sich jedoch verändert, sodass die Hysterese deutlich abnimmt und dadurch die Belastungscharakteristik nicht länger der ursprünglichen Messung in Abb. 5.4 a genügt. Dieser Sachverhalt ist offensichtlich bei Betrachtung des Kraftmaximums bei $\Delta l = 28$ mm. Bei der Wiederholung des 2. Lastzyklus nimmt dieser Kraftwert ab. Weitere Wiederholungen des 2. Lastzyklus entsprechen näherungsweise der Kraft-Weg-Charakteristik in Abb. 5.4 c. Somit ist das Elastomer bezüglich einer maximalen Auslenkung von 56 mm konditioniert. Die gesamten Messdaten des Zugversuchs entsprechend der in Tab. 5.1 formulierten Lastzyklen sind in Abb. 5.4 d dargestellt. Anhand dieser Grafik wird deutlich, dass die „jungfräulichen“ Belastungskurven deutlich von der sich tatsächlichen einstellenden Kraft-Weg-Kennlinie abweichen. Zusätzlich ist die Abweichung der entsprechenden Belastungskurven für eine maximale Auslenkung von 28 mm, 56 mm, 84 mm und 90 mm offensichtlich. Die in Abb. 5.4 e dargestellt Kraft-Weg-Kennlinie ist das Ergebnis der Vorkonditionierung bezüglich einer maximalen Verlängerung von 90 mm. Solange dieser Wert nicht überschritten wird, gilt diese Charakteristik. Somit ist bei der Auslegung der Elastomere darauf zu achten, dass die maximale Längenänderung der Vorkonditionierung größer ist als die maximal im Experiment auftretende Längenänderung.

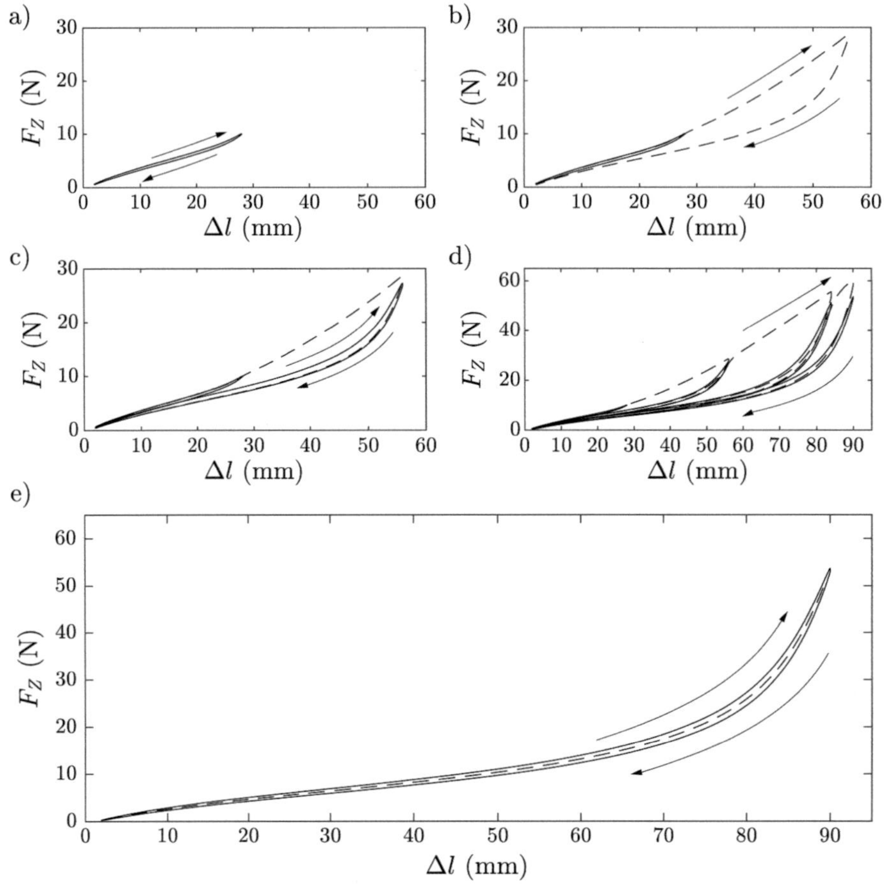

Abbildung 5.4: Messdaten aus Zugversuchen zur Vorkonditionierung der Elastomere – a) ursprüngliche Kraft-Weg-Kennlinie nach 1. Lastzyklus, b) „jungfräuliche“ Kennlinie des 2. Lastzyklus, c) Kraft-Weg-Kennlinie nach 2. Lastzyklus, d) gesamte Kraft-Weg-Charakteristik für definierte Lastzyklen, e) Kennlinie für maximale Auslenkung von 90 mm und gemittelte Kraft-Weg-Charakteristik.

Für die folgenden theoretischen Betrachtungen wird die Kraft-Weg-Kennlinie vereinfachend gemittelt (Abb. 5.4 e) und durch ein Polynom 6. Ordnung mittels linearer Regression approximiert. Dieser Ansatz sowie die bestimmten Koeffizienten sind in (5.2) formuliert.

$$F_Z(\Delta l) = |\boldsymbol{F}_Z(\Delta l)| = \sum_{k=1}^{6} C_k \; (100 \; \Delta l)^k \tag{5.2}$$

$$\begin{aligned} \text{mit } C_1 &= 0.0635 \text{ N/m}, \quad & C_2 &= 3.9910 \text{ N/m}^2, \quad & C_3 &= -2.2392 \text{ N/m}^3 \\ C_4 &= 0.5507 \text{ N/m}^4, \quad & C_5 &= -0.0625 \text{ N/m}^5, \quad & C_6 &= 0.0027 \text{ N/m}^6 \end{aligned}$$

Die potentielle Energie Π der Zugsegmente kann durch Integration der approximierten Kraft-Weg-Kennlinie aus (5.2) bestimmt werden. Hierbei ist zu beachten, dass die Zugsegmente keine Druckkräfte aufnehmen können. Dieser Sachverhalt wird dadurch sichergestellt, dass die potentielle Energie Π für Druckbeanspruchungen stets Null ist. Infolge des LAGRANGE'schen Formalismus ist jedoch die Ableitung der potentiellen Energie bezüglich der generalisierten Koordinaten erforderlich, sodass Π durch eine differenzierbare Funktion beschrieben werden muss. Dies wird durch die Nutzung der tanh-Funktion realisiert. Dieser Ansatz ist in (5.3) formuliert.

$$\Pi = \sum_{j=m+1}^{n} \frac{\tanh(K\ \Delta l_j) + 1}{2} \int_0^{|\boldsymbol{d}_j| - l_j} |\boldsymbol{F}_{Z,j}(\Delta l_j)|\ \mathrm{d}\Delta l_j \quad \text{mit } K = 10^5 \tag{5.3}$$

5.1.2 Aktuierung

Die Aktuierung der Tensegrity Struktur ist sowohl für die Variation der Vorspannung als auch für die Realisierung eines kontrollierten Gleichgewichtslagenwechsels erforderlich. Entsprechend den vorherigen Betrachtungen wird eine Aktuierung ausgewählter Zugsegmente angestrebt. Dies soll durch die kontrollierte Variation der ungedehnten Segmentlänge geschehen. Die grundsätzliche Idee ist dabei bereits im mechanischen Ersatzmodell in Abb. 3.6 dargestellt. Die Zugsegmente sind stets mit zwei Knotenpunkten verbunden. Im Prototyp werden die Zugsegmente durch Elastomere realisiert. Inspiriert durch Abb. 5.2 c, werden diese Elastomere beidseitig in entsprechende Ösen, im Folgenden als Koppelstelle bezeichnet, eingehängt, die ihrerseits mit den eigentlichen Knotenpunkten drehbar verbunden sind. Diese Ösen werden durch 3D-gedruckte Teile mit eingepressten Kugellagern realisiert. Die Verformung sowie die Masse dieser Bauteile wird vernachlässigt, sodass das mechanische Modell der Zugsegmente, welches in Abb. 5.5 a dargestellt ist, resultiert. Die Länge dieser Koppelelemente ist für nicht-aktuierte Zugsegmente konstant und wird zu $\tilde{l}$ zusammengefasst. Die unbelastete Länge der nicht-aktuierten Zugsegmente ist in (5.4) formuliert.

$$l_j = l_{0,j} + \tilde{l}_j \tag{5.4}$$

Analog sind Erweiterungen für das mechanische Modell der aktuierten Zugsegmente zu berücksichtigen. Hierbei soll die Länge einer dieser Koppelstellen einstellbar sein. Dies wird durch ein zugstarres, biegeschlaffes Seil realisiert, welches mit dem zugehörigen Knotenpunkt verbunden ist (Abb. 5.5 b). Auch hier wird die Länge der 3D-gedruckten Aufnahme durch $\tilde{l}$ bezichent. Die Längenvariation des Segments wird durch ein Seilzugsystem realisiert. Dementsprechend erfolgt die Kopplung des Seils mit dem Knotenpunkt über eine Seilwinde, welche von einem Getriebemotor mit integriertem Encoder angesteuert wird. Demnach wird durch durch den Getriebemotor mit integrierter Positionskontrolle das Seil auf- bzw. abgewickelt und die ungedehnte Länge des aktuierten Zugsegmentes geregelt. Das dazugehörige technische Prinzip der Aktuierung ist in Abb. 5.5 c skizziert. Demnach ist (3.16) zu erweitern. Die dazugehörige Länge des aktuierten Zugsegments im entspannten Zustand ist in (5.5) definiert.

$$l_j = l_{0,j} + \Delta l_{0j} + \tilde{l}_j \tag{5.5}$$

Anhand der erweiterten Ersatzmodelle wird deutlich, dass durch eine entsprechende Wahl der Länge der Koppelstellen $\tilde{l}_j$ auch negative Aktuatorparameter Δl_{0j} möglich sind. Hinsichtlich der Topologie der Tensegrity Struktur wird deutlich, dass alle Zugsegmente mit dem Drucksegment 1 verbunden sind. Unabhängig von der Wahl der aktuierten Zugsegmente bietet sich eine Integration aller Aktuatoren einschließlich der zugehörigen Elektronik und Ansteuerung in dieses Drucksegment an. Folglich wurden die Knotenpunkte 1 und 2 durch U-Profile realisiert, welche die Seilwinden, sowie die Aktuatoren enthalten (Abb. 5.5 c). Hierbei wurde die Lagerung derart gestaltet, dass die theoretischen Knotenpunkte mit den Motorachsen zusammenfallen. Das technische Prinzip der Aktuierung sowie die prototypische Umsetzung einer Aktuatoreinheit ist in Abb. 5.5 c abgebildet. Im Prototyp werden die Zugsegmente 7 und 8 aktuiert.

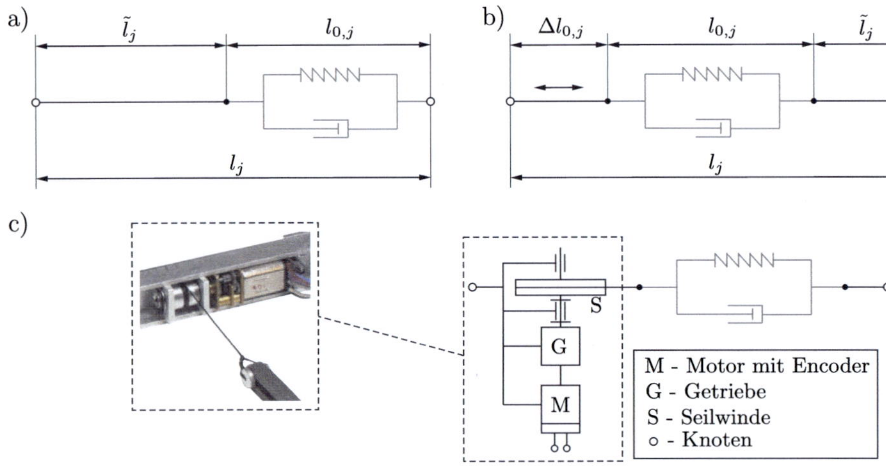

Abbildung 5.5: Erweiterung der mechanischen Ersatzmodelle der Zugsegmente – a) nichtaktuierte Zugsegmente, b) aktuierte Zugsegmente, c) technisches Prinzip der Aktuierung sowie technische Umsetzung der Aktuierung im Prototyp.

Zur kontrollierten Aktuierung der Zugsegmente ist eine Positionsregelung der Getriebemotoren (Abb. 5.5 c) notwendig. Die Regelung wird durch separate Mikrocontroller mit integrierter Leistungselektronik realisiert. Diese insgesamt 4 Mikrocontroller werden paarweise durch zwei Kommunikationsmodule gekoppelt, welche zusätzlich die Energieversorgung der Elektronik enthalten (Abb. 5.6). Dieses Modul ist ebenfalls am Drucksegment 1 zentral fixiert. Jedes dieser beiden Module verfügt über ein Funkmodul und eine eigene Energieversorgung durch eine LiFePO4-Akkuzelle. Hierdurch wird eine kabellose OnBoard-Elektronik realisiert. Bei der Anbringung der Elektronik wurde auf eine symmetrische Anordnung geachtet, um weiterhin die Symmetrie bezüglich der x-Achse sowie die Symmetrie des Drucksegments 1 in der x-y-Ebene zu garantieren. Die Ansteuerung des Prototyps erfolgt über Computer via Funkverbindung zu den beiden Kommunikationsmodulen. Es werden am PC Sollpositionen aller

Motoren definiert und diese an den Prototyp kabellos übertragen. Durch die auf den Mikrocontroller implementierten PID-Regler werden die Sollzustände angesteuert. Die Istposition der Aktuatoren kann jederzeit abgefragt werden. Für Untersuchungen der Bewegung des Prototyps werden gesamte Aktuatorstrategien als Sollwerttrajektorien übertragen. Zur standardisierten Nullung der Encoder wurde eine Intialisierungsroutine definiert, die bei Inbetriebnahme des Prototyps durchzuführen ist.

5.1.3 Mechanische Parameter des Prototyps

In Abb. 5.6 ist der Prototyp abgebildet. Zur Fixierung der Verkabelung sowie zur Abdeckung der Stirnradgetriebe der Aktuatoren wurden Schrumpfschläuche genutzt. Weiterhin wurden die Knotenpunkte 3 bis 6 farblich markiert, um die spätere Bildauswertung zu vereinfachen. Auch die Elektronik verfügt über zusätzliche Leuchtdioden um die Position der Knotenpunkte 1 und 2 optisch auszuwerten. An den Knotenpunkten 3 bis 6 wurden zusätzliche Elastomerelemente angebracht. Diese Auflagepunkte sind für das im anschließenden Kapitel betrachtete Lokomotionssystem von Relevanz.

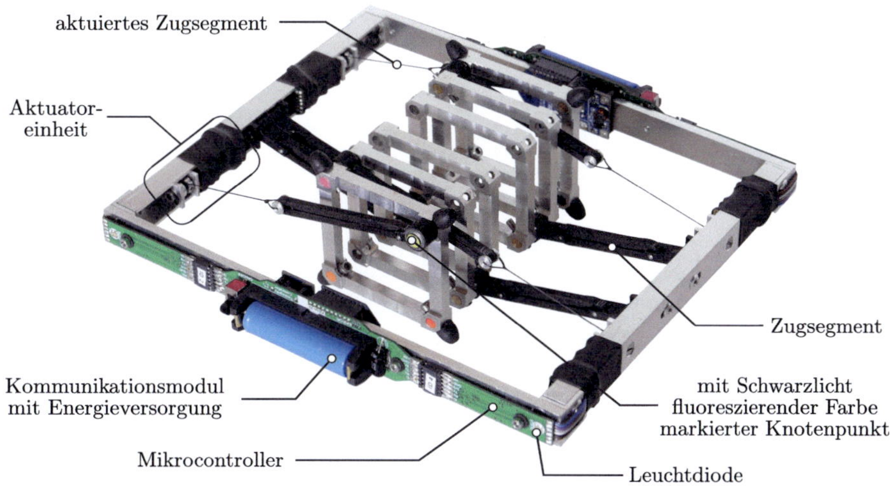

Abbildung 5.6: Prototyp des Lokomotionssystems.

Zum späteren Vergleich des Bewegungsverhaltens des Prototyps mit Simulationsergebnissen ist die Kenntnis der mechanischen Parameter des Prototyps erforderlich. Dies betrifft die statischen Kenngrößen sowie die dynamischen Eigenschaften. Die Länge der Drucksegmente wurde gemäß Tab. 5.2 gewählt. Zur Messung der Masse des Drucksegments 1 wurden die Zugsegmente ausgebaut und das Drucksegment 1 einschließlich gesamter Elektronik gewogen. Die restlichen Drucksegmente 2 bis 6 wurden im montiertem Zustand gewogen. Anschließend wurde die bestimmte Masse gleichmäßig auf die Drucksegmente 2 bis 5 verteilt. Das Drucksegment 6 wird aufgrund der konstruktiven Realisierung des inneren starren Quadrats des Prototyps durch Vierkantprofile als masselos betrachtet. Aufgrund des zweidimensionalen mechanischen Modells ist die Bestimmung von $\Theta_{zz,j}$ zur Beschreibung der Trägheitseigenschaften ausreichend. Hierzu wurde das Drucksegment 1 bezüglich des Knotenpunkts 1 pendelnd aufgehängt und die Periodendauer bei kleinen Auslenkungen bestimmt. Anschließend wurde der Knotenpunkt 2 als Pendelachse gewählt und erneut die Periodendauer für kleine Auslenkungen bestimmt. Gemäß [Mah11] ist eine Auswertung der Schwerpunktlage sowie des Massenträgheitsmoments $\Theta_{zz,1}$ möglich. Analoge Messungen wurden für den starren Rahmen bestehend aus Drucksegment 2 bis 6 bezüglich der Knotenpunkte 3, 4, 5 und 6 durchgeführt. Das resultierende Trägheitsmoment wurde unter Nutzung des Satzes von STEINER auf die Drucksegmente 2 bis 5 gleichmäßig verteilt. Die beschriebenen Ergebnisse sind in Tab. 5.2 aufgelistet. Weiterhin ist zu bemerken, dass im Rahmen der Messgenauigkeit keine Abweichungen der bestimmten Schwerpunktlagen zu den theoretischen Lagen festzustellen sind.

Tabelle 5.2: Mechanische Eigenschaften der Drucksegmente des Prototyps.

j	1	2	3	4	5	6
L_j	200 mm	50 mm	50 mm	50 mm	50 mm	70.71 mm
m_j	0.306 kg	0.0405 kg	0.0405 kg	0.0405 kg	0.0405 kg	—
$\Theta_{zz,j}$	1800 kg mm^2	13 kg mm^2	13 kg mm^2	13 kg mm^2	13 kg mm^2	—

Die Kraft-Weg-Kennlinie der Elastomere wurde wie zuvor geschildert durch Zugversuche und entsprechende Ergebnisauswertung bestimmt. Aufgrund der prototypischen Umsetzung ist jedoch zu beachten, dass jedes Zugsegment durch eine Parallelschaltung von zwei Elastomeren realisiert wird (Abb. 5.2). Die Massen- und Trägheitseigenschaften der Zugsegmente wurden im mechanischen Modell vernachlässigt. Dennoch wurde die Masse eines Elastomers gewogen. Hierbei resultiert eine Masse von 1.34 g. Dieser Wert ist gegenüber der Masse der Drucksegmente vernachlässigbar und legitimiert die vereinfachte mechanische Modellierung. Die Bestimmung des Dämpfungskoeffizienten ist aufgrund des hyperelastischen Materialverhaltens insbesondere des Auftretens von Hysterese nur bedingt möglich. Vereinfachend wird der Dämpfungskoeffizient mit 0.2 Ns/m je Elastomer abgeschätzt. Aufgrund der Parallelschaltung gilt $c_j = 0.4$ Ns/m $(j = 7, 8, 9, 10)$.

5.1.4 Mechanische Eigenschaften des Prototyps

Für die folgenden theoretischen Betrachtungen wird vorerst $\tilde{l}_j = 0.032$ m $(j = 7, 8, 9, 10)$ angenommen. Die Auswahl dieser Parameterwerte im Prototyp wird später erklärt. Nach (3.10) werden die Gleichgewichtskonfigurationen der Tensegrity Struktur bestimmt. Aufgrund des in Abb. 5.2 dargestellten Aufbaus ist die Parallelschaltung der Zugsegmente zu beachten. Die detektierten Konfigurationen sind in Abb. 5.7 dargestellt und nummeriert. Die Stabilität dieser Gleichgewichtslagen ist nach (3.14) ausgewertet. Es folgt, dass die Konfigurationen 1, 3, 5, 7 stabil sind. Die verbleibenden Konfigurationen (2, 4, 6, 8) sind instabil.

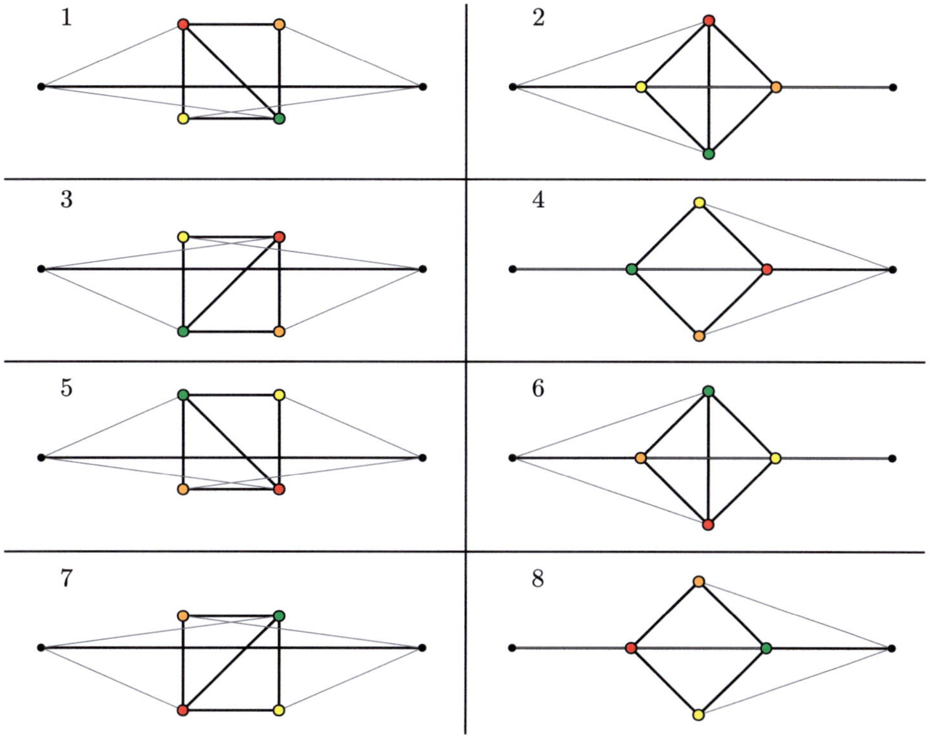

Abbildung 5.7: Detektierte Gleichgewichtskonfigurationen des Prototyps der Tensegrity Struktur; ungerade Zahlen – stabil, gerade Zahlen – instabil.

Im nächsten Schritt wird die Aktuierungsstrategie zur Realisierung eines kontrollierten Gleichgewichtskonfigurationswechsels der betrachteten Tensegrity Struktur abgeleitet. Als aktuierte Segmente werden die Zugsegmente 7 und 8 gewählt. Dementsprechend resultieren die Aktuierungsparameter $\Delta l_{0,7}$ und $\Delta l_{0,8}$. Es werden, wie im vorherigen Abschnitt geschildert, unter Nutzung der Bifurkationstheorie die Existenzbereiche Γ_g ($g = 1, 3, 5, 7$) der stabilen Gleichgewichtskonfigurationen bestimmt. Diese sind in Abb. 5.8 dargestellt. Demnach treten auch für diese Topologie unter Nutzung der experimentell bestimmten mechanischen Eigenschaften definierte Parameterbereiche auf, welche die Existenz der stabilen Gleichgewichtskonfigurationen limitieren. Hierbei treten negative Aktuatorparameter auf. Derartige Aktuatorkonfigurationen können aber durch eine entsprechende Auswahl der Koppellängen $\tilde{l}_{,j}$ ($j = 7, 8, 9, 10$) des Prototyp realisiert werden. Dieser Ansatz wird im Anschluss an den theoretischen Betrachtungen geschildert.

Analog zu den Betrachtungen im vorherigen Kapitel können diese Existenzbereiche gemäß (4.4) zur Bestimmung der monostabilen Parameterbereiche Ξ_g ($g = 1, 3, 5, 7$) genutzt werden. Diese definieren die Aktuierungskarte des Prototyps, welche in Abb. 5.9

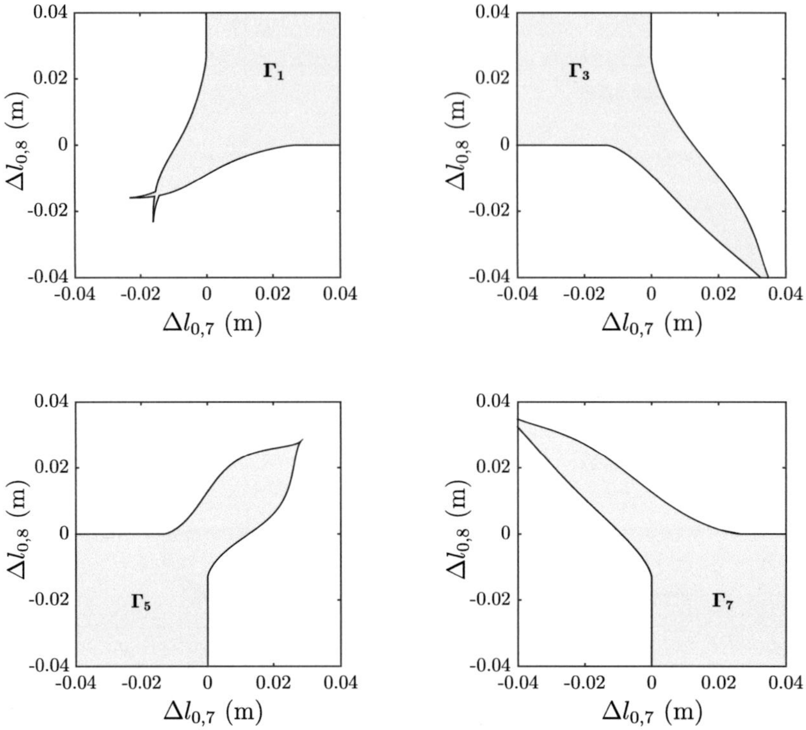

Abbildung 5.8: Existenzbereiche Γ_g $(g = 1, 3, 5, 7)$ der stabilen Konfigurationen des Prototyps der multistabilen Tensegrity Struktur.

dargestellt ist. Diese Ergebnisse stellen die Grundlage für die später betrachtete Aktuierungsstrategie dar. Wie bereits geschildert, kann durch Operieren in einem monostabilen Parameterbereich das Auftreten der entsprechenden stabilen Gleichgewichtskonfiguration garantiert werden.

Basierend auf den vorgestellten Ergebnissen sind negative Aktuatorparameter notwendig. Aus diesem Grund werden die Koppellänge im Prototyp $\tilde{l}^{Prototyp}{}_j$ $(j = 7, 8, 9, 10)$ wie folgt gewählt: $\tilde{l}^{Prototyp}{}_7 = \tilde{l}^{Prototyp}{}_8 = 0.014$ m, $\tilde{l}^{Prototyp}{}_9 = \tilde{l}^{Prototyp}{}_{10} = 0.032$ m. Aus diesem Sachverhalt folgt, dass zur Realisierung von einheitlichen Zugsegmenten mit einer ungedehnten Länge von 0.032 m die Seile der aktuierten Zugsegmente 7 und 8 um 0.018 m abgewickelt werden. In den theoretischen Betrachtungen dieses Abschnitts entspricht dieser Zustand $\Delta l_{0,7} = \Delta l_{0,8} = 0$ m. Dieser Zusammenhang ermöglicht negative Aktuatorparameter $(\Delta l_{0,7}, \Delta l_{0,8} \in [-0.018 \text{ m}; \infty))$. Auf eine Korrektur der Aktuatorkarte wird jedoch verzichtet. Für die folgenden theoretischen Betachtungen gilt weiterhin $\tilde{l}_7 = \tilde{l}_8 = \tilde{l}_9 = \tilde{l}_{10} = 0.032$ m. Dementsprechend werden weiterhin negative Aktuatorparameter formuliert.

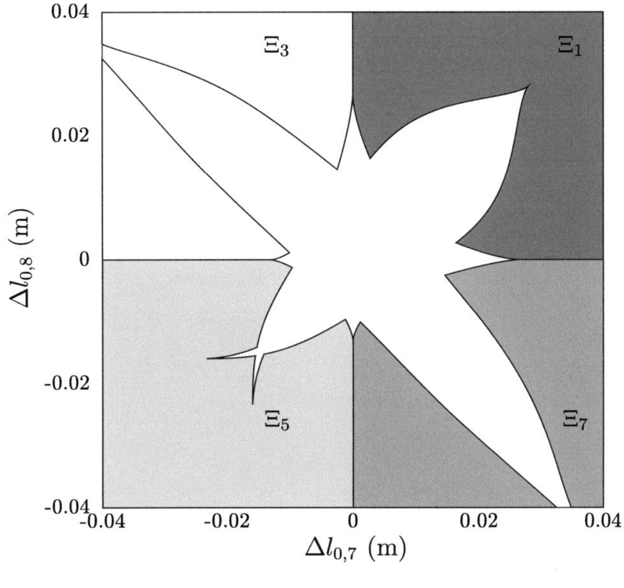

Abbildung 5.9: Aktuierungskarte der multistabilen Tensegrity Struktur mit den monostabilen Parameterbereichen Ξ_g $(g = 1, 3, 5, 7)$ der stabilen Gleichgewichtskonfigurationen.

5.2 Untersuchung der Multistabilität

Zur Verifikation der theoretischen Ergebnisse und Erkenntnisse aus dem vorherigen Kapitel werden im Folgenden Experimente zur Auswertung der aktuellen Konfiguration der Tensegrity Struktur vorgestellt. Diese Versuche dienen zum Nachweis der Multistabilität sowie der Prüfung der Aktuierungsstrategie auf Basis der Bifurkationstheorie zum kontrollierten Gleichgewichtslagenwechsel.

5.2.1 Experimenteller Aufbau und Ergebnisauswertung

Zur experimentellen Untersuchung der aktuellen Konfiguration der Tensegrity Struktur wird der Prototyp fixiert und die Knotenpositionen optisch erfasst. Dieser Messaufbau ist in Abb. 5.10 a abgebildet.
Der Prototyp wird bezüglich eines Portals in einer geschlossenen dunklen Kammer ausgerichtet. Im ersten Schritt werden die LEDs der Elektronik aktiviert, sodass diese rot leuchten. Anschließend wird die zu untersuchende Konfiguration angesteuert. Der aktuelle Zustand wird mittels einer WebCam (Logitech C922 Pro Stream Webcam) aufgenommen. Hierbei sind ausschließlich die LEDs zu erkennen (Abb. 5.10 b). Mittels einer Hough Transformation ist eine Bestimmung der Mittelpunkte der Leuchtdioden $\boldsymbol{\rho}^*{}_i$ $(i = 1, 2)$ in Pixel möglich. Es wird ein Koordinatensystem definiert, dessen Ursprung durch Knoten 1 der Tensegrity Struktur gegeben ist. Weiterhin wird die x-Achse

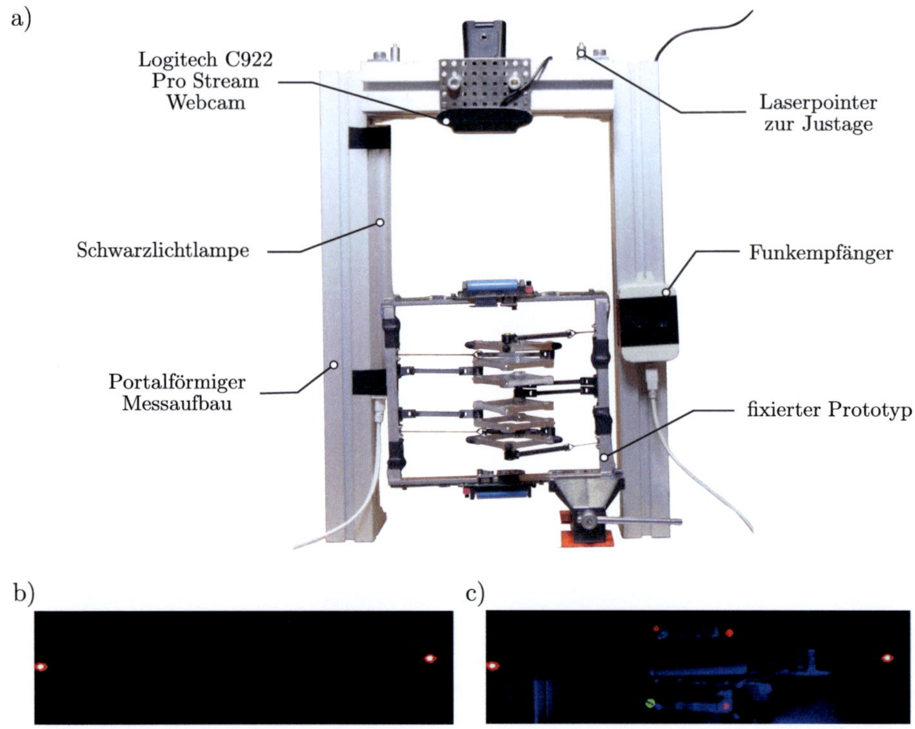

Abbildung 5.10: Experimentelle Untersuchung der Konfiguration des Prototyps der multistabilen Tensegrity Struktur – a) Messaufbau, b) Aufnahme zur Kalibrierung des Prüfstands, c) Aufnahme der Tensegrity Struktur unter Schwarzlicht.

durch die beiden Leuchtdioden bestimmt. Da der Abstand der beiden Leuchtdioden (203.5 mm) sowie der Abstand von Leuchtdiode 1 zu Knoten 1 (1.75 mm) bekannt ist, kann eine Koordinatentransformation zur Bestimmung der tatsächlichen Position $\boldsymbol{\rho}_i$ definiert werden. Diese Vorschrift ist in (5.4) formuliert.

$$\begin{aligned} \boldsymbol{\rho}_i &= V \cdot \begin{bmatrix} \cos(\gamma) & \sin(\gamma) \\ -\sin(\gamma) & \cos(\gamma) \end{bmatrix} (\boldsymbol{\rho}_i^* - \boldsymbol{\rho}_1^*) - \begin{pmatrix} 1.75 \text{ mm} \\ 0 \end{pmatrix} \\ \text{mit } V &= \frac{203.5 \text{ mm}}{|\boldsymbol{\rho}_1^* - \boldsymbol{\rho}_2^*|} \quad \text{und } \gamma = \arccos\left((\boldsymbol{\rho}_2^* - \boldsymbol{\rho}_1^*) \cdot \begin{pmatrix} 1 \\ 0 \end{pmatrix} \right) \end{aligned} \tag{5.6}$$

Anschließend wird der Prototyp mit Schwarzlicht bestrahlt. Die Knotenpunkte 3, 4, 5 und 6 der Tensegrity Struktur sind mit Schwarzlicht-fluoreszierender Farbe markiert. Der Zustand der multistabilen Tensegrity Struktur wird erneut durch die WebCam augenommen. Neben den Leuchtdioden sind ebenfalls die Knotenpunkte 3, 4, 5 und

6 sichtbar (Abb. 5.10 c). Eine Hough-Transformation ermöglicht erneut die Bestimmung der Knotenmittelpunkte $\boldsymbol{\rho}^*$ in Pixel. Aufgrund der unterschiedlichen Farbtöne können die Punkte im Bild eindeutig den Knotenpunkten der Tensegrity Struktur zugewiesen werden. Unter Nutzung von (5.6) können die Knotenpositionen bezüglich des definierten Koordinatensystems angegeben werden und mit den theoretischen Knotenpositionen verglichen werden.

5.2.2 Verifizierung der Multistabilität

Zur Auswertung des multistabilen Charakters des Prototyps wird der nicht-aktuierte Zustand der Tensegrity Stuktur betrachtet ($\Delta l_{0,7} = \Delta l_{0,8} = 0$ m). Entsprechend den vorherigen theoretischen Betrachtungen sind 4 stabile Konfigurationen der Tensegrity Struktur zu erwarten. Der Prototyp bestätigt diesen Sachverhalt. Infolge von manuellem Drehen des starren Körpers ohne weitere Aktuierung treten 4 unterschiedliche stabile Konfigurationen auf. Diese Zustände werden anschließend mittels dem vorgestellten Versuchsaufbau untersucht. Hierzu wird jede Konfiguration fünfmal aus verschiedenen Initialzuständen angesteuert und die Positionen $\boldsymbol{\rho}_i$ der Knoten 3, 4, 5 und 6 optisch bezüglich des mit Drucksegment 1 verbundenen Koordinatensystems ausgewertet. Anschließend werden die Knotenpositionen arithmetisch gemittelt. Die maximale Abweichung der gemittelten Messdaten zu den theoretischen Werten wird im Folgenden durch δ_{max} repräsentiert. In Abb. 5.11 werden die theoretischen stabilen Gleichgewichtskonfigurationen mit den gemittelten Messdaten verglichen. Weiterhin wird die jeweils maximale Abweichung angegeben.

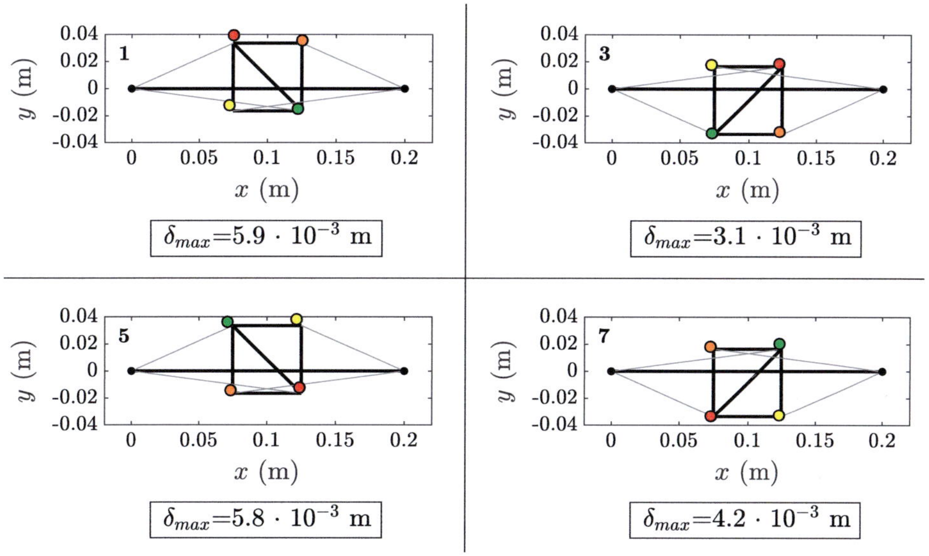

Abbildung 5.11: Vergleich der theoretischen stabilen Gleichgewichtskonfigurationen (Linien) mit den experimentell ermittelten stabilen Gleichgewichtslagen (farbliche Punkte).

Die dargestellten Messdaten bestätigen die Multistabilität der Tensegrity Struktur. Die 4 stabilen Gleichgewichtskonfigurationen können durch dieses Experiment qualitativ verifiziert werden. Weiterhin ist hervorzuheben, dass die experimentellen Ergebnisse reproduzierbar sind. Die fünfmalige Wiederholung der Auswertung der Knotenpositionen führt zu einer Standabweichung von kleiner 1 mm. Die quantitativen Abweichungen lassen sich einerseits durch mögliche Fehler im Messaufbau (z.B. Parallaxenfehler, etc.) begründen. Weiterhin ist zu beachten, dass die Auflösung der Aktuatorpositionen auf 0.1 mm limitiert ist und die Erdbeschleunigung die Verformung der nachgiebigen Struktur beeinflussen kann. Ebenso können Reibungseffekte in der Tensegrity Struktur das Ergebnis verfälschen. Die theoretische reibungsfreie Anbindung der Elemente in den Knotenpunkten wurde im Prototyp durch Kugellager realisiert. Der gravierendste Fehlereinfluss ist die Kraft-Weg-Kennlinie der Elastomere. Diese werden bei den theoretischen Betrachtungen für alle Zugsegmente als einheitlich modelliert. Jedoch wurden bereits bei der Vorkonditionierung Abweichungen in der Kraft-Weg-Charakteristik verschiedener Elastomere deutlich. Dieser Einfluss führt bei großen Verformungen und der hohen Anzahl von Zugsegmenten (8 Elastomere) zu Abweichungen zur theoretisch symmetrischen Struktur. Die quantitativen Abweichungen sind jedoch bezogen auf die Größe des Prototyps (220 mm Länge) marginal ($\delta_{max} < 6$ mm). Dementsprechend wird die mechanische Modellierung der multistabilen Tensegrity Struktur als verifiziert betrachtet.

5.2.3 Verifizierung der Aktuierungsstrategie

Die Aktuierungsstrategie auf Basis der Bifurkationstheorie zur zuverlässigen Kontrolle der aktuellen Gleichgewichtskonfiguration erscheint als ein vielversprechender Ansatz und soll in diesem Abschnitt betrachtet werden. Hierbei sind insbesondere die monostabilen Parameterbereiche, in denen lediglich eine stabile Gleichgewichtslage existiert von Interesse. Im vorherigen Abschnitt wurde bereits die Multistabilität der Tensegrity Struktur nachgewiesen. Dementsprechend existieren für $\Delta l_{0,7} = \Delta l_{0,8} = 0$ m 4 stabile Gleichgewichtslagen. Es werden die Konfigurationen infolge der Aktuierung in den monostabilen Parameterbereichen Ξ_1, Ξ_3, Ξ_5 und Ξ_7 betrachtet. Hierzu werden beliebige Zustände 1*, 3*, 5* und 7*, die mit den jeweiligen monostabilen Parameterbereichen korrespondieren, gewählt. Nach entsprechender Aktuierung wurde die Existenz von weiteren stabilen Konfigurationen durch Drehung des starren Körpers ausgeschlossen. Demnach ermöglichen diese Parameterkombinationen auch im Experiment lediglich eine stabile Gleichgewichtskonfiguration. D. h. es ist möglich die Anzahl der Gleichgewichtskonfigurationen einer multistabilen Tensegrity Struktur durch Variation der Vorspannung zu beeinflussen. Auch hier wurden die Konfigurationen unter Nutzung des Messaufbaus optisch ausgewertet, wobei die Messung für jede Konfiguration fünfmal wiederholt wurde und gemittelt wurde. Die theoretischen Ergebnisse, die experimentellen Messdaten sowie die maximalen Abweichungen der Knotenpositionen sind in Abb. 5.12 dargestellt.

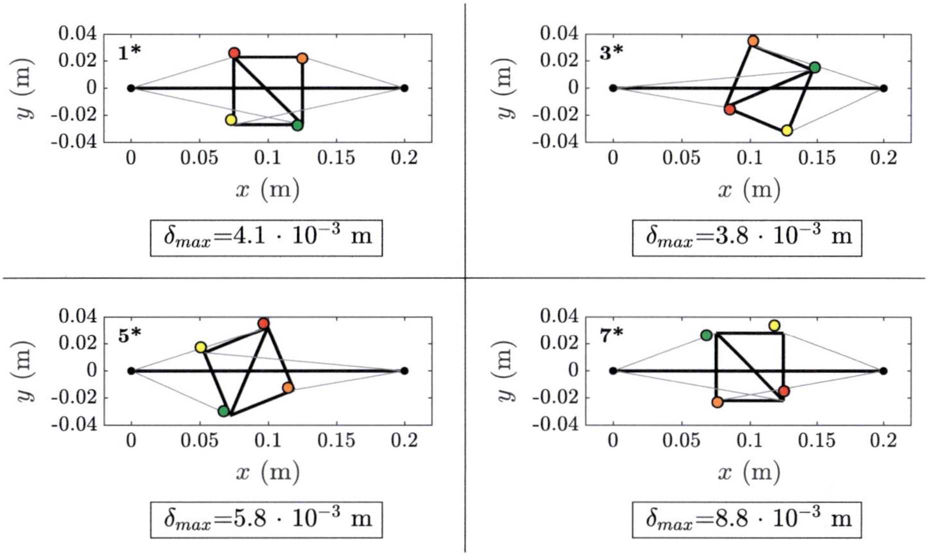

Abbildung 5.12: Vergleich der theoretischen Gleichgewichtskonfigurationen (Linien) mit den experimentell ermittelten Konfigurationen (farbliche Punkte) für monostabile Parameterbereiche – Konfiguration 1*: $\Delta l_{0,7} = \Delta l_{0,8} = 0.040$ m; Konfiguration 3*: $\Delta l_{0,7} = 0.040$ m $\Delta l_{0,8} = -0.013$ m; Konfiguration 5*: $\Delta l_{0,7} = -0.013$ m $\Delta l_{0,8} = 0.040$ m; Konfiguration 7*: $\Delta l_{0,7} = \Delta l_{0,8} = -0.018$ m.

Auch diese experimentelle Untersuchung ist reproduzierbar, da die Standardabweichung der Knotenpositionen bei fünfmaliger Wiederholung kleiner als 1 mm ist. Neben der Monostabilität können außerdem die entsprechenden Konfigurationen qualitativ verifiziert werden. Die auftretenden Abweichungen können analog zur experimentellen Betrachtung der Gleichgewichtskonfigurationen begründet werden.

5.3 Zusammenfassung

In diesem Kapitel wurde der Aufbau eines Prototyps basierend auf einer multistabilen Tensegrity Struktur vorgestellt. Die Drucksegmente wurden dabei durch Aluminiumprofile und die Zugsegmente durch Elastomere realisiert. Die Aktuierung wurde durch eine Variation der ungedehnten Länge ausgewählter Zugsegmente umgesetzt. Anschließend wurden die unterschiedlichen Konfigurationen sowie die Aktuierungsstrategie auf Basis der Bifurkationstheorie experimentell unter Nutzung eines entsprechenden Messaufbaus untersucht. Die Ergebnisse bestätigen die theoretischen Erkenntnisse aus den vorherigen Kapiteln. Außerdem stimmen die experimentellen Ergebnisse qualitativ mit den theoretischen Werten überein. Die vorhanden quantitativen Abweichungen sind erklärbar und vertretbar. Dieser Sachverhalt motiviert die Nutzung der Multistabilität von Tensegrity Strukturen zur Realisierung von Lokomotionssystemen in der mobilen Robotik.

Kapitel 6

ANWENDUNG VON MULTISTABILEN TENSEGRITY STRUKTUREN ALS LOKOMOTIONSSYSTEME

In diesem Kapitel wird die Anwendung von multistabilen Tensegrity Strukturen als Lokomotionssysteme in der mobilen Robotik untersucht. Dabei wird eine gezielte Nutzung der mit der Multistabilität verbundenen Merkmale angestrebt, um Vorteile für eine derartige Anwendung hervorzuheben. Das mechanische Modell der Tensegrity Struktur wird durch konstruktive Einflussgrößen sowie durch die Berücksichtigung von Umwelteinflüssen erweitert. Unter Nutzung der entwickelten Aktuierungsstrategie wird ein kontrollierter Gleichgewichtslagenwechsel realisiert. Die daraus resultierende Fortbewegung wird im ersten Schritt mittels numerischer Simulationen für verschiedene Konfigurationswechsel untersucht. Basierend auf diesen Simulationsergebnissen werden unterschiedliche Lokomotionsprinzipien klassifiziert und deren Vorteile herausgearbeitet. Zur qualitativen und quantitativen Verifizierung der theoretischen Ergebnisse werden die unterschiedlichen Konfigurationswechsel und die daraus resultierende Fortbewegung des Lokomotionssystems experimentell untersucht. Hierzu wird der Prototyp der multistabilen Tensegrity Struktur aus dem vorherigen Kapitel (Abb. 5.6) genutzt. Abschließend wird durch Kombination der untersuchten Fortbewegungsprinzipien die Möglichkeit der multimodalen Lokomotion betrachtet. Zudem wird das betrachtete Lokomotionssystem mit Fortbewegungssystemen, welche auf Tensegrity Strukturen mit einer stabilen Gleichgewichtskonfiguration basieren, verglichen.

6.1 Simulation des Lokomotionsverhaltens

Das betrachtete Lokomotionssystem basiert auf der Tensegrity Struktur aus dem vorherigen Kapitel (Abb 5.1). Es wird vorausgesetzt, dass diese Struktur mit einer horizontalen Ebene in Kontakt ist. Die mechanische Betrachtung des Lokomotionsverhaltens erfordert zwingend die Berücksichtigung der Umwelteinflüsse wie Gravitation, Reibung, etc. Die Modellierung dieser Effekte sowie die Simulation der Fortbewegung infolge unterschiedlicher Aktuierungsstrategien erfolgt in den folgenden Abschnitten.

6.1.1 Erweiterung des mechanischen Modells

Zur klaren Trennung zwischen der multistabilen Tensegrity Struktur und dem Lokomotionssystem werden Kontaktknoten eingeführt, an denen die äußeren Kräfte infolge der Interaktion mit der Umgebung wirken. Dieser Sachverhalt ist bereits aus der realen Konstruktion des Prototyps gegeben (U-Profile an Knoten 1 und 2 sowie zusätzlich hinzugefügte Elastomerelemente an Knoten 3 bis 6). Demnach fallen die im Prototyp auftretenden Kontaktstellen nicht mit den theoretischen Knotenpunkten 1 bis 6 des Modells der Struktur zusammen. Außerdem dienen, wie in den späteren Untersuchungen gezeigt wird, die Elastomerelemente an den Knotenpunkten 3 bis 6 der Steigerung der Effizienz der Fortbewegung. Im theoretischen Modell wird diese Gegebenheit durch zusätzliche starre masselose Hilfs- bzw. Antriebssegmente, die an den Knotenpunkten i gekoppelt sind, berücksichtigt. Die entsprechenden Längen $l_{H,i}$ sind im Prototyp durch $l_{H,1} = l_{H,2} = 0.0105$ m und $l_{H,P} = l_{H,3} = l_{H,4} = l_{H,5} = l_{H,6} = 0.013$ m realisiert. Dieser Ansatz ist in Abb. 6.1 a dargestellt. Die Kontaktknoten werden durch die Ortsvektoren $\boldsymbol{r}_{k,i} = (x_{k,i}, y_{k,i})^{\mathrm{T}}$ $(i = 1, 2, \ldots, 6)$ definiert und für die folgenden Betrachtungen als generalisierte Koordinaten gewählt.

Das Lokomotionssystem ist in Kontakt mit einer horizontalen Ebene $(y = 0)$. Der Einfluss der Erdbeschleunigung ($\boldsymbol{g} = -9.81$ m/s^2 $\boldsymbol{e}_y$) wird im LAGRANGE Formalismus durch die potentielle Energie U berücksichtigt. Dieser Ansatz ist in (6.1) formuliert.

$$U = -m_j \boldsymbol{s}_j \cdot \boldsymbol{g} \quad (j = 1, 2, \ldots, m) \tag{6.1}$$

Der Kontakt mit der horizontalen Ebene wird als teilelastisch betrachtet. Dieser Ansatz wird durch die Nutzung einer Kontaktsteifigkeit k_g sowie einer Kontaktdämpfung c_g modelliert. Nachfolgend werden die entsprechenden Kontakteigenschaften mit $k_g = 10^4$ N/m und $c_g = 100$ Ns/m abgeschätzt. Weiterhin ist die Betrachtung der Reibung zwischen dem Lokomotionssystem und der horizontalen Ebene unbedingt notwendig, um die Fortbewegung der Struktur zu realisieren. Die Reibung zwischen den Kontaktknoten und der horizontalen Ebene wird nachfolgend durch die COULOMB'schen Reibungsgesetze formuliert. Die am Kontaktknoten i resultierende Kontaktkraft $\boldsymbol{F}_{k,i} = (F_{N,i}, F_{R,i}, 0)^{\mathrm{T}}$ wird in Normal- und Reibungskraft unterteilt. Die Normalkraft $F_{N,i}$ am Knoten i ist in (6.2) formuliert.

$$F_{Ni} = \begin{cases} -k_g y_{k,i} - c_g \dot{y}_{k,i} & \text{falls } y_{k,i} < 0 \text{ und } \dot{y}_{k,i} < 0 \\ -k_g y_{k,i} & \text{falls } y_{k,i} < 0 \\ 0 & \text{sonst} \end{cases} \tag{6.2}$$

Die Reibungskraft $F_{R,i}$ am Kontaktknoten i ist in (6.3) gegeben. Hierbei beschreibt der Parameter μ_i den Gleitreibungskoeffizient am Kontaktknoten i. Der Parameter $\mu_{0,i}$ repräsentiert den entsprechenden Haftreibungskoeffizient. Die Reibungskoeffizienten wurden im Rahmen von Vorversuchen abgeschätzt. Es gilt $\mu_{0,1} = \mu_{0,2} = \mu_1 = \mu_2 = 0.2$ sowie $\mu_{0,3} = \mu_{0,4} = \mu_{0,5} = \mu_{0,6} = \mu_3 = \mu_4 = \mu_5 = \mu_6 = 0.75$. Der Parameter $F_{res,i}$ beschreibt die resultierende Knotenkraft am Kontaktknoten i in x-Richtung ohne Berücksichtigung der Reibungskräfte. Dieser Wert wird gemäß [Syn96] bestimmt. Aus diesem Grund ist die Wahl der Kontaktpunktkoordinaten als generalisierte Koordinaten vorteilhaft. Die generalisierten Koordinaten des Lokomotionssystems werden im Vektor $\boldsymbol{q}_k = (q_{k,1}, q_{k,2}, \ldots, q_{k,DN})^{\mathrm{T}}$ zusammengefasst. Für die betrachtete Tensegrity Struktur gilt $\boldsymbol{q}_k = (x_{k,1}, y_{k,1}, x_{k,2}, y_{k,2}, \ldots, x_{k,6}, y_{k,6})^{\mathrm{T}}$. Dieser Ansatz vereinfacht die Berechnung der Reibungskräfte. Um weiterhin mögliche Stick-Slip-Effekte trotz numerischer Genauigkeit zu berücksichtigen, wird der Ansatz durch die KARNOPP-Methode erweitert. Dabei wird ein zusätzlicher Parameter δ_H ($\delta_H = 10^{-4}$ m/s) zur Aufweitung des Haftbereichs definiert.

$$F_{R,i} = \begin{cases} -\mu_i F_{N,i}\,\mathrm{sign}(\dot{x}_{k,i})) & \text{falls } |\dot{x}_{k,i}| \geq \delta_H \\ -\mu_i F_{N,i}\,\mathrm{sign}(F_{res,i})) & \text{falls } |\dot{x}_{k,i}| < \delta_H \text{ und } |F_{res,i}| > \mu_{0,i} F_{N,i} \\ -F_{res,i} & \text{sonst} \end{cases} \tag{6.3}$$

Das resultierende differential-algebraische Gleichungssystem zur Beschreibung der Fortbewegung des Lokomotionssystems ist in (6.4) dargestellt. Eine analytische Approximation der Lokomotionscharakteristik durch Linearisierung von (6.4) ist nicht möglich, da infolge der Modellierung des Kontaktes und der Reibung die Bewegungsdifferentialgleichungen nicht stetig sind. Für die Simulationen wird (6.4) als Differentialgleichungssystem formuliert und dieses numerisch gelöst. Hierzu wird ein RUNGE-KUTTA-VERFAHREN 4. Ordnung mit einer konstanten Schrittweite von Δt=10^{-4} s gewählt. Die BAUMGARTE-Parameter α und β werden weiterhin entsprechend [BAE06] gewählt.

$$\begin{aligned} \frac{\mathrm{d}}{\mathrm{d}t}\frac{\partial T}{\partial \dot{q}_{k,a}} - \frac{\partial T}{\partial q_{k,a}} + \frac{\partial(\Pi + U)}{\partial q_{k,a}} = \boldsymbol{F}_i \cdot \frac{\partial \boldsymbol{r}_i}{\partial q_{k,a}} + \boldsymbol{F}_{k,i} \cdot \frac{\partial \boldsymbol{r}_{k,i}}{\partial q_{k,a}} + \lambda_b \frac{\partial \psi_b}{\partial q_{k,a}} \\ \ddot{\psi}_b + 2\alpha\dot{\psi}_b + \beta^2 \psi_b = 0 \end{aligned} \tag{6.4}$$

$$(a = 1, 2, \ldots, DN;\ b = 1, 2, \ldots, m;\ i = 1, 2, \ldots, N)$$

Als Initialzustand[2] des Lokomotionssystems wird eine stabile Gleichgewichtskonfiguration der Tensegrity Struktur vorausgesetzt (Abb. 6.1 a). Für jede Gleichgewichtskonfiguration der Tensegrity Struktur sind verschiedene Gleichgewichtszustände des Lokomotionssystems möglich, die sich hinsichtlich der Kontaktknoten, die mit der horizontalen Ebene in Berührung sind, unterscheiden. Zur eindeutigen Bezeichnung dieser Zustände werden im Folgenden die Kontaktknoten, welche mit dem horizontalen Untergrund in Kontakt sind, als zusätzliche Indizes gelistet. Die äußere Form des entsprechenden Lokomotionssystems wird durch die Position der Kontaktknoten definiert und stellt ein Sechseck dar. Somit sind je Gleichgewichtskonfiguration je 6 Kombinationen von Kontaktknoten, die mit der horizontalen Ebene in Kontakt sind, denkbar. Dieser Sachverhalt wird für die Gleichgewichtskonfiguration 1 in Abb. 6.1 veranschaulicht.

[2]Bemerkung: Zur klaren Unterscheidung zwischen dem Lokomotionssystem und der Tensegrity Struktur werden innerhalb dieser Arbeit folgende Bezeichnungen genutzt: das Lokomotionssystem wird durch dessen (Gleichgewichts-)Zustand beschrieben; die Tensegrity Struktur wird hingegen durch deren (Gleichgewichts-)Konfiguration bzw. Gleichgewichtslage beschrieben.

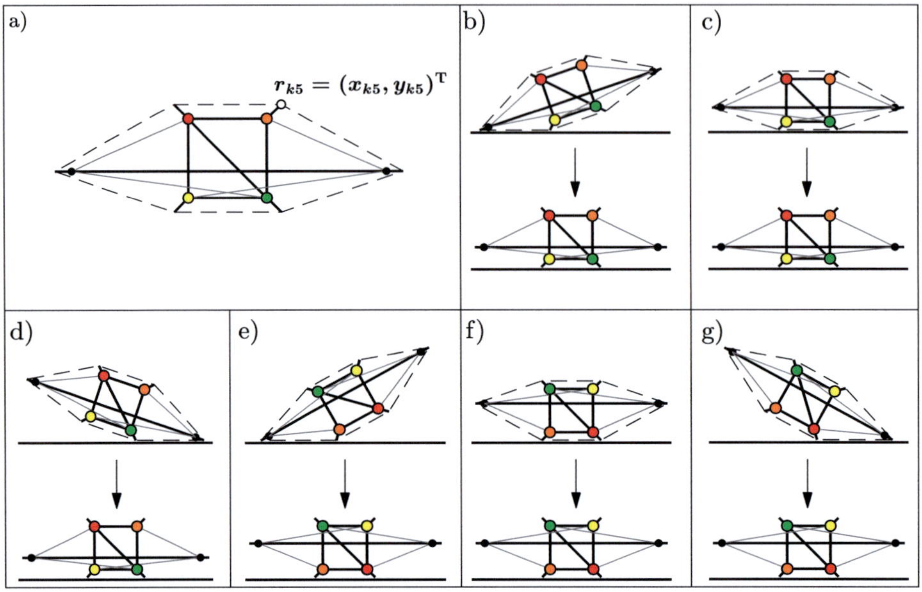

Abbildung 6.1: Mögliche Gleichgewichtszustände des Lokomotionssystems für Gleichgewichtskonfiguration 1 der multistabilen Tensegrity Struktur und resultierende Zustände infolge der dynamischen Relaxation – a) Gleichgewichtskonfiguration 1 der multistabilen Tensegrity Struktur mit Antriebssegmenten, b) Konfiguration $1_{(1,3)}$ (ungültig), c) Konfiguration $1_{(3,4)}$ (gültig), d) Konfiguration $1_{(2,4)}$ (ungültig), e) Konfiguration $1_{(2,5)}$ (ungültig), f) Konfiguration $1_{(5,6)}$ (gültig), g) Konfiguration $1_{(1,6)}$ (ungültig).

Zur Bestimmung der Initialzustände des Lokomotionssystems wird (6.4) numerisch gelöst. Als Initialzustände werden die Gleichgewichtskonfigurationen der Tensegrity Struktur aus Abb. 6.1 b - g genutzt, wobei $\dot{\boldsymbol{q}}_k(t = 0) = \boldsymbol{0}$ vorausgesetzt wird. Weiterhin wird auf die Berücksichtigung von Reibungskräften verzichtet, um mehrdeutige Lösungen infolge von Hafteffekten zu vermeiden. Infolge der Energiedissipation durch Dämpfung der Zugsegmente und Kontaktdämpfung konvergiert die Lösung des Differentialgleichungssystems nach ausreichender Zeit asymptotisch gegen einen stabilen Gleichgewichtszustand. Dieser wird anschließend normiert, sodass $x_{k,1} = 0$ gilt. Dieses Vorgehen wird für alle möglichen Initialzustände der 4 stabilen Gleichgewichtslagen wiederholt. So ergeben sich insgesamt 24 prinzipiell mögliche Initialzustände wovon entsprechend dieser Berechnungen 8 auftreten können. Die detektierten Zustände werden für die nachfolgenden Simulationen als Initialzustand genutzt, wobei $\dot{\boldsymbol{q}}_k(t = 0) = \boldsymbol{0}$ vorausgesetzt wird.

Die grundsätzliche Idee der folgenden Untersuchungen ist die Nutzung der Multistabilität der Tensegrity Struktur, um eine kontrollierbare Fortbewegung zu realisieren. Dabei wird ein Wechsel zwischen den stabilen Gleichgewichtskonfigurationen der Struktur angestrebt. Hierzu wird die auf Basis der Bifurkationstheorie entwickelte Aktuierungsstrategie genutzt. Die in Abb. 5.9 dargestellte Aktuierungskarte basiert auf dem mechanischen Modell der Tensegrity Struktur. Für das Lokomotionssystem werden jedoch die Umwelteinflüsse, wie Schwerkraft und Reibungskräfte, berücksichtigt. Diese Störeinflüsse beeinflussen die Aktuierungskarte. Jedoch ist aufgrund des möglichen Haftens von Kontaktknoten keine vollständige Berücksichtigung der Umwelteinflüsse bei der Ableitung der Aktuatorkarte möglich. Dies betrifft die Existenzgrenzen sowie die Ränder der monostabilen Parameterbereiche. Diese Grenzen sind mit einem Unsicherheitsbereich behaftet, sodass beim Operieren nahe dieser Ränder die Vorhersage der aktuellen Gleichgewichtskonfiguration nicht sichergestellt werden kann. Für die Realisierung eines zuverlässigen Gleichgewichtskonfigurationswechsels sind Zustände mit entsprechendem Abstand zu den theoretischen Grenzen anzusteuern. Nachfolgend werden unterschiedliche Aktuierungsstrategien hinsichtlich der anzusteuernden Gleichgewichtskonfigurationen implementiert und die dazugehörige Lokomotion ausgewertet. Der Fokus liegt auch hier auf der mechanischen Charakterisierung der Fortbewegung.

6.1.2 Simulation des zyklischen Gleichgewichtslagenwechsels

Als erster Ansatz wird ein zyklischer Wechsel zwischen den stabilen Gleichgewichtskonfigurationen 1, 3, 5 und 7 der multistabilen Tensegrity Struktur betrachtet. Nachfolgend werden diese Konfigurationen sukzessiv angesteuert ($1 \rightarrow 3 \rightarrow 5 \rightarrow 7 \rightarrow 1 \rightarrow \dots$). Die dazugehörigen Aktuatorparameter $\Delta l_{0,7}$ und $\Delta l_{0,8}$ werden basierend auf der Aktuierungskarte in Abb. 5.9 bestimmt und sind in Abb. 6.2 a dargestellt. Als Initialkonfiguration wird beispielhaft der stabile Zustand $1_{(3,4)}$ gewählt (Abb. 6.2 b Zustand **I**). Die nachfolgenden Betrachtungen können aber auf alle möglichen Initialzustände übertragen werden. Infolge des Gleichgewichtskonfigurationswechsels $1 \rightarrow 3$ tritt für die definierte Aktuierungsstrategie ein Kippen des inneren starren Rahmens (Drucksegmente 2, 3, 4, 5 und 6) bezüglich des Kontaktknotens 4 auf. Dies führt zu einer Verlagerung des Lokomotionssystems in positive x-Richtung. Diese Kippbewegung ist in Abb. 6.2 b detailliert dargestellt. Infolge der Aktuierung tritt Kontaktknoten 1 mit dem horizontalen Untergrund in Berührung (Abb. 6.2 b Zustand **II**). Anschließend stützt sich das Lokomotionssystem am Kontaktknoten 1 vom Untergrund ab, sodass sich Kontaktknoten 3 vom Untergrund löst (Abb. 6.2 b Zustand **III**). Aufgrund des Gleichgewichtslagenwechsels der Tensegrity Struktur verändert sich die äußere Form des Lokomotionssystems sowie dessen Schwerpunktlage. Nach Überschreiten einer kritischen Konfiguration, in der die x-Komponente des Schwerpunkts und die x-Komponente des Kontaktknotens 4 identisch sind (Abb. 6.2 b Zustand **IV**), kippt das System bezüglich des Kontaktknotens 4 (Abb. 6.2 b Zustand **V**). Als finaler Zustand resultiert $3_{(4,5)}$ (Abb. 6.2 b Zustand **VI**). Der Vergleich zwischen dem Initialzustand $1_{(3,4)}$ (Abb. 6.2 b Zustand **I**) und dem finalen Zustand $3_{(4,5)}$ (Abb. 6.2 b Zustand **VI**) verdeutlicht die Fortbewegung in positive x-Richtung infolge der beschriebenen Kippbewegung. Eine Wiederholung dieser Kippsequenz durch weitere Konfigurationswechsel ($3 \rightarrow 5$, $5 \rightarrow 7$, $7 \rightarrow 1$, etc.) führt zu einer Vorwärtsbewegung des Systems. Verschiedene Zustände dieser Lokomotion, die mit den unterschiedlichen Gleichgewichtskonfigurationen der Tensegrity Struktur korrespondieren, sind in Abb. 6.2 c dargestellt. Diese

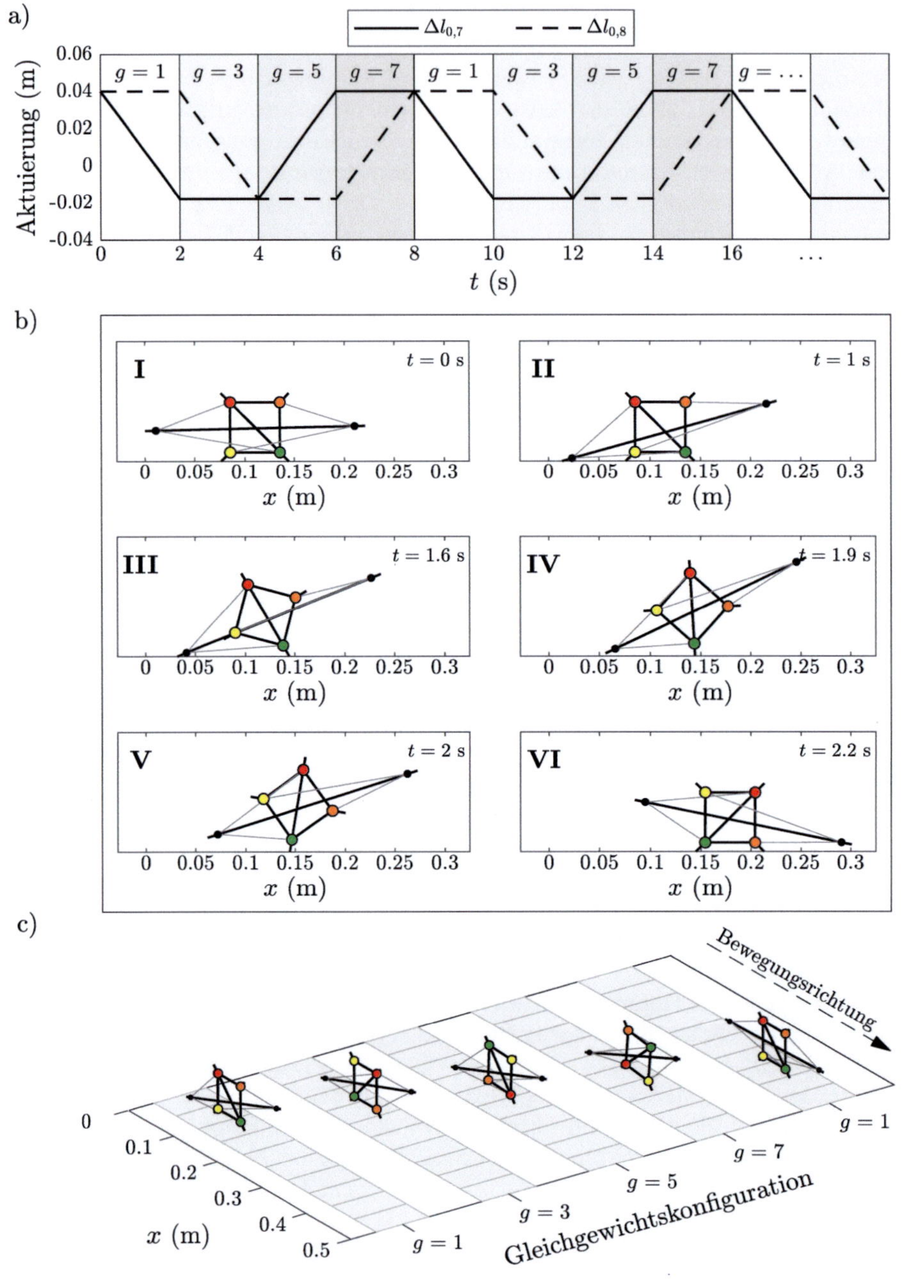

Abbildung 6.2: Simulation des zyklischen Gleichgewichtskonfigurationswechsels $1 \to 3 \to 5 \to 7 \to 1 \to \ldots$ – a) Aktuierungsstrategie mit Aktuatorparameter $\Delta l_{0,7}$ und $\Delta l_{0,8}$, b) detaillierte Betrachtung des Konfigurationswechsels $1 \to 3$, c) Darstellung unterschiedlicher Gleichgewichtslagen für einen Zyklus ($1 \to 3 \to 5 \to 7 \to 1$).

Grafik verdeutlicht nochmals die Fortbewegung des Lokomotionssystems infolge des zyklischen Konfigurationswechsels. Offensichtlich führt eine Invertierung der Reihenfolge der aktuierten Gleichgewichtskonfigurationen ($1 \rightarrow 7 \rightarrow 5 \rightarrow 3 \rightarrow 1 \rightarrow \ldots$) zu einer äquivalenten Lokomotion in negative x-Richtung. Gemäß der Aktuierungskarte erfordert diese Richtungskontrolle der Fortbewegung ein Vertauschen der Aktuatorwerte von $\Delta l_{0,7}$ und $\Delta l_{0,8}$.

Zur Charakterisierung des Lokomotionsverhaltens werden die Trajektorien der Kontaktknoten betrachtet. Hierbei wird die Fortbewegung des Systems durch deren x-Komponenten beschrieben. Diese Komponenten sind in Abb. 6.3 a für die Kontaktknoten 3, 4, 5 und 6 dargestellt. Diese Ergebnisse zeigen neben einer Fortbewegung in positive x-Richtung mehrere Haftbereiche. Der qualitative Verlauf dieser Kurven erinnert an das charakteristische Übertragungsverhalten von Rastschrittgetrieben. Zur Veranschaulichung dieser Bewegungscharakteristik wird der innere starre Rahmen, bestehend aus den Drucksegmenten 2 bis 6, für unterschiedliche Gleichgewichtszustände während der Lokomotion in Abb. 6.3 b dargestellt. Zusätzlich ist die Trajektorie des Knotens 3 eingezeichnet. Dabei wird deutlich, dass aufgrund der hohen Reibungsverhältnisse an den Kontaktknoten 3 bis 6 ein Haften des aktuellen Kipppunktes auftritt. Demnach kann dieser Kontaktpunkt als Momentanpol der zugehörigen Kippbewegung aufgefasst werden. Somit werden die Trajektorien aller körperfesten Punkte während der Kippbewegung durch Kreissegmente bezüglich des Momentanpols definiert. Für die anschließende Kippbewegung ist der Momentanpol durch einen benachbarten Kontaktpunkt gegeben und die Trajektorien können erneut durch Kreisbahnen bezüglich

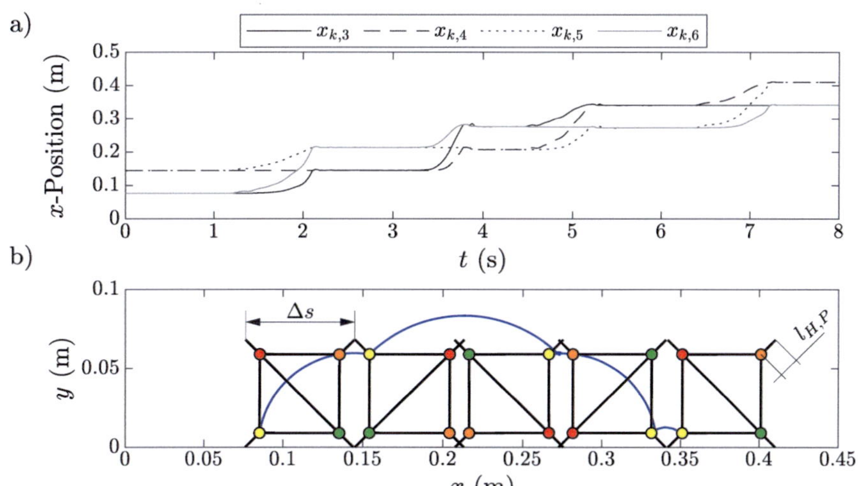

Abbildung 6.3: Mechanische Betrachtung des inneren starren Rahmens während der *schreitenden Lokomotion* – a) x-Komponente der Kontaktknoten 3, 4, 5, und 6, b) Zustände des inneren starren Rahmens während der Lokomotion sowie Trajektorie des Knotens 3.

des neuen Momentanpols beschrieben werden. Dadurch wird deutlich, dass infolge der Konfigurationswechsel das Lokomotionssystem schrittweise nach vorne schreitet. Dementsprechend wird diese Fortbewegungsart im Folgenden als *schreitende Lokomotion* bezeichnet. Analoge Erkenntnisse hinsichtlich der Klassifizierung dieser Fortbewegung sind in [Sch+19c; Sch+19a; Sch+20] gegeben.
Solange die Haftbedingung an den Kipppunkten erfüllt ist, ist eine kinematische Betrachtung zur mechanischen Beschreibung dieser Fortbewegung ausreichend. Die entsprechende Gang- und Rastpolbahn dieser Lokomotion wird durch diskrete Punkte, die durch die Kontaktpunkte 3 bis 6 gegeben sind, definiert. Daraus folgt, dass jeder Konfigurationswechsel zu einer Verlagerung des Schwerpunkts des Polygons um eine definierte Schrittweite führt. Durch die Nutzung von regulären Polygonen zur Realisierung des starren inneren Rahmens resultiert eine konstante Schrittweite Δs. Diese Schrittweite entspricht dem Abstand zwischen den benachbarten Kontaktknoten des inneren Rahmens. Diese ist durch die Kantenlänge des regulären Polygons L_P sowie der einheitlichen Länge der Hilfselemente an den Knotenpunkten des Polygons $l_{H,P}$ gegeben (Abb. 6.4 b) und in (6.5) formuliert. Für den betrachteten Prototyp gilt: $\Delta s \approx 0.0684$ m.

$$\Delta s = L_P + 2l_{H,P} \sin\left(\frac{\pi}{p}\right) \tag{6.5}$$

Die resultierende Geschwindigkeit v_{Lok} der schreitenden Lokomotion kann mit Hilfe der Dauer eines Aktuierungszyklus T_{Zyklus} unter dem kinematischen Aspekt abgeschätzt werden. Dieser Ansatz ist in (6.6) formuliert. Der Parameter T_{Zyklus} wird durch Dauer eines zyklischen Konfigurationswechsels, wie dies beispielhaft für $1 \to 3 \to 5 \to 7 \to 1$ in Abb. 6.2 a gezeigt wurde, definiert.

$$v_{Lok} \approx \frac{p\Delta s}{T_{Zyklus}} \tag{6.6}$$

Zur Verfizierung des kinematischen Ansatzes wird die schreitende Lokomotion für unterschiedliche Zykluszeiten T_{Zyklus} und verschiedene Längen der Antriebssegmente des Polygons $l_{H,P}$ numerisch simuliert und die Lokomotionsgeschwindigkeit gemäß (6.7) ausgewertet.

$$v_{Lok} = \frac{1}{T_{Zyklus}} \int_0^{T_{Zyklus}} \dot{x}_{k,1} \, \mathrm{d}t \tag{6.7}$$

Die Simulationsergebnisse sind in Abb. 6.4 der approximierten Lokomotionsgeschwindigkeit aus (6.6) gegenübergestellt. Dieser Vergleich verdeutlicht, dass für geringe Aktuierungsgeschwindigkeiten ($T_{Zyklus} > 4$ s) der kinematische Ansatz gute Vorhersagen über das Lokomotionsverhalten ermöglicht. Für hohe Aktuierungsgeschwindigkeiten kann jedoch infolge von transienten dynamischen Effekten das Haften des Kipppunktes nicht sichergestellt werden. Somit ermöglicht (6.6) für derartige Szenarien keine sinnvolle Abschätzung. Die in (6.6) formulierte Näherung verdeutlicht, dass die resultierende Lokomotionsgeschwindigkeit bei gleichbleibender Aktuierung durch eine Vergrößerung des Parameters $l_{H,P}$ gesteigert werden kann. Hierbei ist zu berücksichtigen, dass die Länge dieser Antriebssegmente die Akuatorkarte (Abb. 5.9), welche für den Konfigurationswechsel von essentieller Bedeutung ist, beeinflussen. Demnach kann dieser Einfluss für lange Hilfselemente die Aktuierungskarte stark verfälschen, sodass ein Konfigurationswechsel für die möglichen Aktuatorparameter nicht mehr möglich ist. Der Bauraum der Tensegrity Struktur beschränkt ebenfalls die maximale Längen dieser Antriebssegmente.

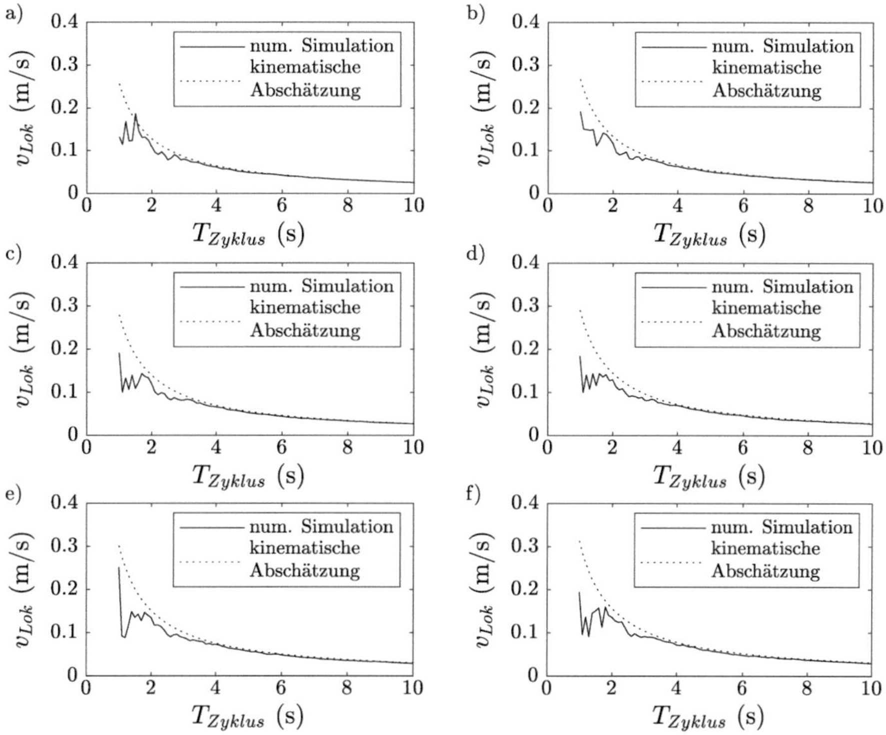

Abbildung 6.4: Einfluss der Aktuierungsgeschwindigkeit und Hilfssegmentlänge auf die resultierende Geschwindigkeit der schreitenden Lokomotion – a) $l_{H,P} = 0.010$ m, b) $l_{H,P} = 0.012$ m, c) $l_{H,P} = 0.014$ m, d) $l_{H,P} = 0.016$ m, e) $l_{H,P} = 0.018$ m, f) $l_{H,P} = 0.020$ m.

Zuletzt wird die Effizienz der schreitenden Fortbewegung untersucht. Der Wirkungsgrad der Lokomotion η wird in dieser Arbeit durch das Verhältnis von kinetischer Energie der Fortbewegung T_{Lok} bezüglich der von den Aktuatoren hinzugefügten Formänderungsenergie $\Pi_{Aktuator}$ definiert. Dieser Ansatz ist in (6.8) formuliert. Dabei berücksichtigt der Parameter Π_0 die Formänderungsenergie der Tensegrity Struktur infolge des Vorspannungszustandes ohne aktuierte Zugsegmente.

$$\eta = \frac{T_{Lok}}{\Pi_{Aktuator}} = \frac{\frac{1}{2}\sum_{j=1}^{m} M v_{Lok}^2}{\frac{1}{T_{Zyklus}} \int_0^{T_{Zyklus}} \left(\Pi(t) - \Pi_0\right) \mathrm{d}t} \tag{6.8}$$

Die nachfolgenden Untersuchungen zeigen den Einfluss der Zyklusdauer T_{Zyklus} und der Länge der Antriebssegmente $l_{H,P}$ auf den Wirkungsgrad der schreitenden Lokomotion. Die entsprechenden Ergebnisse sind in Abb. 6.5 dargestellt. Diese Resultate veranschaulichen, dass die Effizienz der schreitenden Fortbewegung gering ist. Dieser Sachverhalt lässt sich unter anderem mit der Schockresistenz von Tensegrity Strukturen erklären. Diese Energieabsorption ist auf die Nachgiebigkeit der Struktur sowie die Dämpfung der Zugsegmente zurückführen. Weiterhin sind zusätzliche Reibungs- und Dämpfungseinflüsse infolge des Kontaktes mit der horizontalen Ebene für Energieverluste und damit für eine Reduzierung der Effizienz verantwortlich. Die Ergebnisse in Abb. 6.5 zeigen außerdem, dass mit einer Verringerung der Zykluszeit T_{Zyklus} eine Effizienzsteigerung möglich ist. Jedoch ist dieser Ansatz hinsichtlich der Haftbedingung der Kontaktknoten des starren Körpers limitiert. Weiterhin wird deutlich, dass eine Reduzierung der Länge der Antriebssegmente zu einer Steigerung des Wirkungsgrades führt. Hierbei ist zu beachten, dass die Effizienz und die Lokomotionsgeschwindigkeit hinsichtlich der Länge der Antriebssegmente konkurrieren. Demnach ist bei der Wahl dieser Längen ein Kompromiss zu finden.

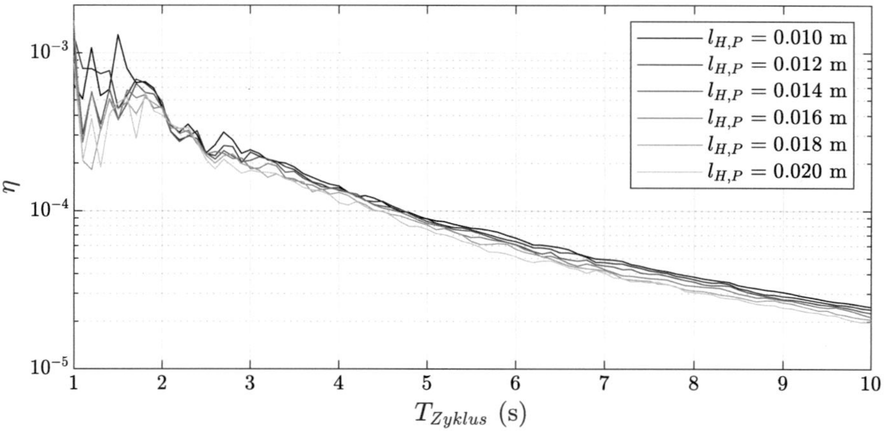

Abbildung 6.5: Wirkungsgrad der schreitenden Lokomotion in Abhängigkeit von der Zykluszeit und der Längen der Antriebssegmente des inneren starren Rahmens.

Abschließend werden die Vorteile der vorgestellten schreitenden Lokomotion herausgestellt. Es ist hervorzuheben, dass die Aktuierungsstrategie zur Realisierung eines zyklischen Konfigurationswechsel einfach ist und keinerlei zusätzliche Anforderungen an die Aktuatoren der Tensegrity Struktur stellt. Eine Positionsregelung der aktuierten Zugsegmente ist vollkommen ausreichend, um zuverlässig die verschiedenen Zustände innerhalb der Aktuierungskarte anzusteuern, die zu einem Kippen des Systems führen. Die Kontrolle der Bewegungsrichtung (Vorwärtsschreiten ↔ Rückwärtsschreiten) kann dabei durch Anpassung der Reihenfolge der angesteuerten Zustände realisiert werden. Weiterhin ist eine Geschwindigkeitskontrolle der schreitenden Lokomotion durch Anpassung der Zyklusdauer T_{Zyklus} möglich.

6.1.3 Simulation des periodischen Gleichgewichtslagenwechsels

Die Nutzung einer harmonischen Aktuierung zur Realisierung einer vibrationsbasierten Fortbewegung erscheint offensichtlich. Derartige Bewegungssysteme sind bekannt und weitestgehend erforscht. Ebenfalls wurde dieser Ansatz bereits im Zusammenhang mit Tensegrity Strukturen erprobt. Experimentelle Untersuchungen einer periodisch erregten Tensegrity Struktur zur Realisierung einer vibrationsbasierten Fortbewegung sind in [Böh+11] dargestellt. Multistabile Tensegrity Strukturen ermöglichen in diesem Kontext zusätzliche vorteilhafte Eigenschaften, die eine gesonderte Betrachtung erlauben. Aufgrund der verschiedenen stabilen Gleichgewichtskonfigurationen ist eine diskrete Anpassung der Lokomotionscharakteristik möglich. Für die Realisierung von vibrationsbasierten Lokomotionssystemen auf Basis von multistabilen Tensegrity Strukturen sind dadurch folgende Ansätze denkbar:

- **Nutzung von stabilen Gleichgewichtskonfigurationen mit unterschiedlichem Vorspannungszuständen:** Unterschiedliche Vorspannungszustände korrespondieren mit verschiedenen dynamischen Eigenschaften. Dieser Zusammenhang wurde bereits in Abschnitt 4.3 für strukturdynamische Kenngrößen (Eigenfrequenzen, Eigenmoden, etc.) dargestellt. Dies betrifft ebenfalls die Lokomotionscharakteristiken der vibrationsbasierten Fortbewegung. Demnach folgen für verschiedene Gleichgewichtskonfigurationen bei identischer Aktuierung unterschiedliche Bewegungsverhalten hinsichtlich der Lokomotionsgeschwindigkeit und der Bewegungsrichtung. Folglich kann neben der Variation der Aktuierung ebenfalls ein Konfigurationswechsel für die Anpassung der Fortbewegung in Betracht gezogen werden. Dieser Ansatz ist in [Sch+17; Sch+18a] dargestellt.

- **Nutzung von stabilen, symmetrische Gleichgewichtskonfigurationen mit identischen Vorspannungszuständen:** Die Nutzung von symmetrischen Tensegrity Strukturen ermöglicht das Auftreten von symmetrischen Gleichgewichtskonfigurationen mit identischem Vorspannungszustand. Demnach verfügen diese Strukturen über identische strukturmechanische Eigenschaften. Für Lokomotionssysteme kann dieser Sachverhalt weiterhin genutzt werden, um symmetrische Zustände des Bewegungssystems zu realisieren. Aufgrund der Symmetrie ändert sich bei gleichbleibenden Lokomotionscharkateristiken ausschließlich die Bewegungsrichtung. Dieser Ansatz ermöglicht demnach eine einfach Kontrolle der Bewegungsrichtung unter Nutzung der Multistabilität. Dieser Ansatz wird in [Sch+18b; Sch+18c] betrachtet.

- **Periodischer Wechsel zwischen stabilen Gleichgewichtskonfigurationen:** Infolge der Multistabilität treten außerdem zusätzliche Vibrationsmoden auf. Neben der Schwingung um eine stabile Konfiguration, ist ebenfalls die Oszillation zwischen zwei stabilen Gleichgewichtskonfigurationen möglich. Diese Schwingungsmode verfügt über andere dynamische Eigenschaften, welche eine zusätzliche Anpassung der Lokomotionscharakteristik ermöglichen. Dieser Sachverhalt ist in [Sch+17; Sch+18a] dargestellt.

Auf eine detaillierte Betrachtung des ersten Ansatzes wird im Folgenden verzichtet. Dieser Effekt kann ebenfalls mit konventionellen Tensegrity Strukturen durch eine Variation des Vorspannungszustandes erzielt werden und ist in [BZ13] veranschaulicht. Im Folgenden wird der periodische Wechsel zwischen zwei stabilen Gleichgewichtskonfigurationen zur Realisierung einer vibrationsbasierten Fortbewegung betrachtet. Dabei wird ebenfalls die Symmetrie des Lokomotionssystems zur Richtungskontrolle der Fortbewegung genutzt. Für die betrachtete multistabile Tensegrity Struktur sind eine Vielzahl an periodischen Konfigurationswechseln möglich ($1 \leftrightarrow 3$, $3 \leftrightarrow 5$, $5 \leftrightarrow 7$, $1 \leftrightarrow 7$, $1 \leftrightarrow 5$, $3 \leftrightarrow 7$). Nachfolgend wird eine harmonische Aktuierung der Tensegrity Struktur betrachtet, um einen periodischen Wechsel zwischen den stabilen Lagen 1 und 3 zu realisieren. Die innerhalb dieses Abschnittes vorgestellten Ergebnisse und Erkenntnisse lassen sich auf alle weiteren periodischen Konfigurationswechsel übertragen. Entsprechend der Aktuatorkarte aus Abb. 5.9 wird ein periodisches Überschreiten der Grenze zwischen den monostabilen Parameterbereichen Ξ_1 und Ξ_3 angestrebt. Im Folgenden werden die in (6.9) dargestellten Aktuatorparameter genutzt.

$$\Delta l_{0,7} = \hat{a}_7 \sin\left(2\pi f_{err} t\right); \qquad \Delta l_{0,8} = \hat{a}_8 \tag{6.9}$$

Das Bewegungsverhalten vibrationsbasierter Lokomotionssysteme ist sensitiv gegenüber den mechanischen Parametern des Systems sowie der Umgebung. Dies betrifft ebenfalls die Aktuierung der Tensegrity Struktur. Demnach sind die Aktuatorparameter $\hat{a}_7$, $\hat{a}_8$ und f_{err} bedacht zu wählen. Meist sind Fortbewegungen in Frequenzbereichen nahe der Eigenfrequenzen des Bewegungssystems effektiv. Folglich sind die Eigenfrequenzen des Lokomotionssystems für eine vibrationsbasierte Fortbewegung von essentieller Bedeutung. Wie bereits in vorherigen Untersuchungen gezeigt wurde, können durch eine Variation des Vorspannungszustandes die Eigenfrequenzen der Tensegrity Struktur beeinflusst werden. Für die gegenwärtigen Untersuchungen kann dies durch den Aktuatorparameter $\hat{a}_8$ realisiert werden. Der Einfluss dieses Parameters auf die Eigenfrequenzen des Lokomotionssystems wird im Folgenden durch eine Modalanalyse untersucht. Hierbei ist zu beachten, dass infolge des nichtlinearen Charakters der multistabilen Tensegrity Struktur eine Linearisierung der Strukturdynamik, wie in (4.6)-(4.7) gezeigt, erforderlich ist. An dieser Stelle ist hervorzuheben, dass infolge der Linearisierung die Reibung zwischen Kontaktknoten und Untergrund nicht berücksichtigt wird. Die Kontakte werden durch entsprechende Loslager modelliert. Reibung ist jedoch für eine Fortbewegung unbedingt erforderlich. Dieser Sachverhalt verdeutlicht, dass infolge der Modalanalyse keinerlei quantitative Aussagen über das Lokomotionsverhalten der vibrationsbasierten Fortbewegung möglich sind. Jedoch werden die Eigenfrequenzen des linearisierten Systems bestimmt und damit ein Frequenzbereich der harmonischen Aktuierung für eine effektive Fortbewegung abgeschätzt.

Für einen beispielhaften Vorspannungszustand der Tensegrity Struktur ($\hat{a}_7 = 0$ m, $\hat{a}_8 = 0.030$ m) existieren mehrere gültige Zustände des Lokomotionssystems. Diese sind in Abb. 6.6 a – d dargestellt. Die Abhängigkeit der ersten drei Eigenfrequenzen von dem Aktuatorparameter $\hat{a}_8$ ist in Abb. 6.6 e – g dargestellt. Diese Ergebnisse bestätigen den Einfluss der Aktuierung auf den Vorspannungszustand und die damit verbundenen Eigenfrequenzen des Lokomotionssystems. Ebenfalls ist ein Einfluss des

Initialzustands auf die Strukturdynamik erkennbar. Dabei wird deutlich, dass die Zustände $1_{(1,4)}$, $1_{(1,6)}$ und $1_{(2,4)}$, $1_{(2,6)}$ paarweise zu identischen Eigenfrequenzen führen. Dies lässt sich mit der Symmetrie der Tensegrity Struktur begründen. Jedoch sind für diese Zustände unterschiedliche Lokomotionscharakteristiken zu erwarten, da sich das periodisch aktuierte Zugsegmente 7 an unterschiedlichen Stellen in der Struktur befindet. Mit Blick auf die 1. Eigenkreisfrequenz werden nachfolgend zur Realisierung einer vibrationsbasierten Lokomotion Erregerfrequenzen von 0 Hz bis 10 Hz betrachtet. Da vibrationsbasierte Fortbewegungen jedoch gewöhnlicher Weise durch Erregerfrequenzen im kHz- oder MHz-Bereich beschrieben werden, wird die nachfolgend untersuchte Fortbewegung als *kriechende Lokomotion* bezeichnet.

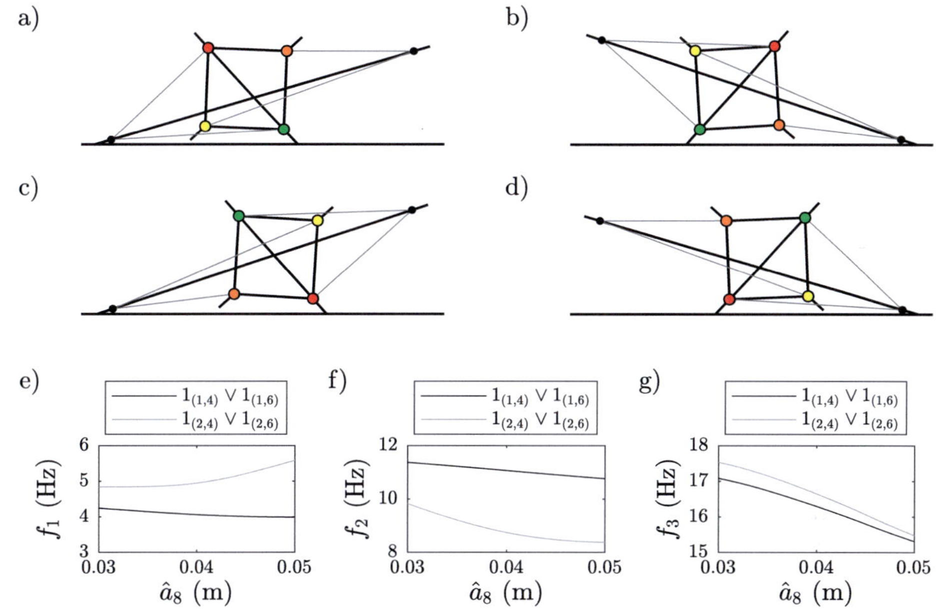

Abbildung 6.6: Gültige stabile Zustände des Lokomotionssystems und Eigenfrequenzen für $\hat{a}_7 = 0$ m in Abhängigkeit von $\hat{a}_8$ – a) Konfiguration $1_{(1,4)}$, b) Konfiguration $1_{(2,4)}$, c) Konfiguration $1_{(2,6)}$, d) Konfiguration $1_{(1,6)}$, e) 1. Eigenfrequenz, f) 2. Eigenfrequenz, g) 3. Eigenfrequenz.

Zur Untersuchung des Lokomotionsverhalten wird exemplarisch $\hat{a}_7 = 0.005$ m gewählt und die stationäre Bewegung des Lokomotionssystem numerisch für verschiedene Erregerfrequenzen betrachtet. Hierzu wird vorausgesetzt, dass nach 1000 Aktuierungsperioden eine stationäre Bewegung vorliegt. Für die Auswertung des Bewegungsverhaltens werden 100 weitere Aktuierungsperioden betrachtet. Die entsprechende Lokomotionsgeschwindigkeit v_{Lok} ist in (6.10) definiert. Da aufgrund des nichtlinearen Charakters Periodenverdopplungen oder sogar chaotische Bewegungen auftreten, wird die Periodendauer der Bewegung mit $T_{Periode}$ bezeichnet. Das Verhältnis dieser Periodendauer bezüglich der Periodendauer der Aktuierung (T_P) wird durch die Windungszahl

w ausgedrückt. Da für chaotische Bewegungen keinerlei Periodizität auftritt, ist der Parameter $T_{Periode}$ für derartige Bewegungen nicht definiert und die dazugehörige Lokomotionsgeschwindigkeit kann nicht ausgewertet werden.

$$v_{Lok} = \frac{1}{T_{Periode}} \int_{1000/f_{err}}^{1000/f_{err}+T_{Periode}} \dot{x}_{k,1}\, \mathrm{d}t \quad \text{mit } T_{Periode} = \frac{w}{f_{err}} \tag{6.10}$$

In Abb. 6.7 a ist der POINCARÉ-Schnitt der vibrationsbasierten Fortbewegung für verschiedene Erregerfrequenzen f_{err} dargestellt. Hierbei wird der Zustand $1_{(1,4)}$ als Initialzustand sowie $\hat{a}_7 = 0.005$ m und $\hat{a}_8 = 0.030$ m gewählt. Für diesen Fall ist die zugehörige Lokomotionsgeschwindigkeit v_{Lok} des Lokomotionssystems in Abb. 6.7 b veranschaulicht. Diese Ergebnisse bestätigen, dass infolge der harmonischen Aktuierung eine Fortbewegung erfolgt. Dabei ist zu erkennen, dass durch Variation der Erregungsfrequenz die Fortbewegungsrichtung gesteuert werden kann. Somit resultiert für $f_{err} = 5$ Hz ein Fortbewegung in positive x-Richtung. Für $f_{err} = 6$ Hz tritt eine kriechende Lokomotion in negative x-Richtung auf.

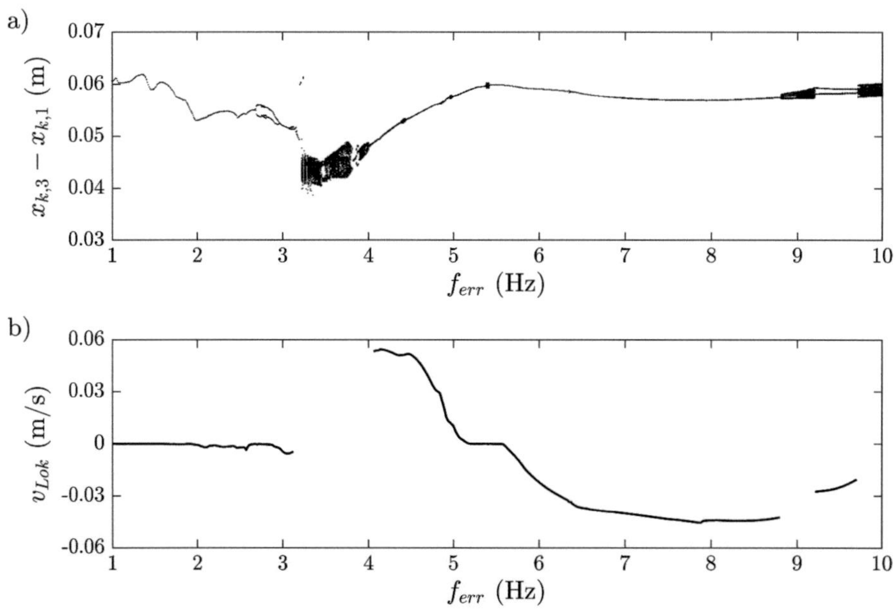

Abbildung 6.7: *Kriechende Lokomotion* für $\hat{a}_7 = 0.005$ m und $\hat{a}_8 = 0.030$ m für verschiedene Erregerfrequenzen – a) POINCARÉ-Schnitt, b) Lokomotionsgeschwindigkeit.

Wie bereits erwähnt ist die wesentliche Schwierigkeit von vibrationsbasierten Fortbewegungen, dass das Bewegungsverhalten empfindlich gegenüber den mechanischen Parametern des Lokomotionssystems ist. Dies schließt ebenfalls die mechanischen Kennwerte der Umgebung wie Reibung, Kontakteigenschaften, etc. mit ein. Diese sind jedoch meist unbekannt sodass eine gezielte Auslegung der Fortbewegung nur bedingt möglich ist. Für verschiedene Frequenzbereiche treten auch hier chaotische Bewegungen auf (Abb. 6.7 a: $f_{err} \approx 3.5$ Hz), welche ebenfalls von den unbekannten Umgebungsparametern abhängen. Diese sind, wie auch bereits in vorherigen Abschnitten geschildert, unbedingt zu vermeiden. In konventionellen vibrationsbasierten Lokomotionssystemen ist lediglich eine Anpassung der Aktuierung (Aktuatorfrequenz, Aktuatoramplitude) möglich um chaotische Bewegungen zu vermeiden. Basierend auf Abb. 6.6 kann das dynamische Verhalten von Tensegrity Strukturen zusätzlich durch eine Variation der Vorspannung beeinflusst werden. Außerdem ist ein Wechsel des Zustandes des Lokomotionssystems denkbar. Demnach könnte statt Zustand $1_{(1,4)}$ der Zustand $1_{(2,4)}$ genutzt werden. Diese Möglichkeiten zur Beeinflussung des Bewegungsverhaltens werden unter Nutzung numerischer Simulationen untersucht. Die entsprechenden Ergebnissen sind in Abb. 6.8 für eine Erregerfrequenz von $f_{err} = 4$ Hz dargestellt. Diese Daten aus Abb. 6.8 a bestätigen, dass durch Variation des Parameters $\hat{a}_8$ sowohl die Lokomotionsgeschwindigkeit als auch die chaotischen Frequenzbereiche beeinflusst werden. Analoge Betrachtungen sind in Abb. 6.8 b für den Zustand $1_{(2,4)}$ als Initialkonfiguration dargestellt. Hierbei wird deutlich, dass die unterschiedlichen Zustände mit unterschiedlichen dynamischen Eigenschaften korrespondieren. Dies betrifft sowohl die Lokomotionsgeschwindigkeit als auch das Auftreten chaotischer Frequenzbereiche. Demnach ist neben der Variation der Aktuatorfrequenz und Aktutatoramplitude bei Tensegrity Strukturen ebenfalls eine Variation des Vorspannungszustandes oder ein Zustandswechsel möglich um chaotischen Bewegungen zu vermeiden sowie die Lokomotionsgeschwindigkeit zu kontrollieren.

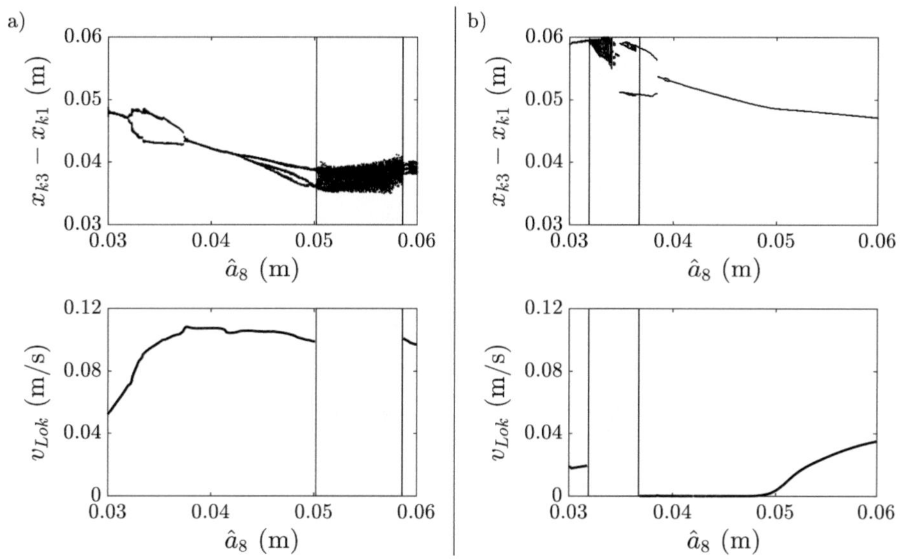

Abbildung 6.8: Bewegungsverhalten der kriechenden Lokomotion für $\hat{a}_7 = 0.005$ m und $f_{err} = 4$ Hz in Abhängigkeit von $\hat{a}_8$ – a) Initialzustand $1_{(1,4)}$, b) Initialzustand $1_{(2,4)}$.

Die Anpassung des Bewegungsverhaltens ist jedoch nur bedingt möglich, da alle Stellgrößen (Aktuatorfrequenz, Aktuatoramplitude, Vorspannungszustand, etc.) limitiert sind. Dies ist beispielsweise in Abb. 6.8 der Fall. Für alle betrachteten Parameterkonfigurationen resultiert eine kriechende Fortbewegung in positive x-Richtung. Demnach ist eine Richtungskontrolle für dieses Szenario unter den gegebenen Möglichkeiten nicht möglich. Multistabile Tensegrity Strukturen ermöglichen weitere Ansätze zur Beeinflussung des dynamischen Verhaltens um eine kontrollierte kriechenden Lokomotion in negative x-Richtung zu realisieren. Statt eines periodischen Wechsels zwischen den Konfigurationen 1 und 3 sind weitere Konfigurationswechsel denkbar. Insbesondere der Konfigurationswechsel zwischen 1 und 7 erscheint vielversprechend, da hierfür die Symmetrie der Aktuierungskarte genutzt werden kann. Als Initialzustand kann statt $1_{(1,4)}$ der Zustand $1_{(2,3)}$ genutzt werden. Der Vergleich dieser beiden Zustände in Abb. 6.9 verdeutlicht deren Symmetrie. Die Aktuierung der multistabilen Tensegrity Struktur wird ebenfalls angepasst, sodass die periodische Erregung durch die Aktuierung des Zugsegments 8 und die Variation der Vorspannung durch den Parameter $\hat{a}_7$ realisiert wird. Offensichtlich resultiert ein äquivalenter Zustand des Lokomotionssystems, welcher bezüglich der y-Achse gespiegelt ist. Dadurch ist eine äquivalente Fortbewegung zu verzeichnen, die sich lediglich in der Bewegungsrichtung unterscheidet. Somit kann eine einfache Kontrolle der Bewegungsrichtung des Lokomotionssystems bei isotropen Umgebungsbedingungen erfolgen. Dieser Ansatz ist beispielhaft in Abb. 6.9 dargestellt. Wie auch diese Ergebnisse verdeutlichen, ermöglichen allgemeine Tensegrity Strukturen, insbesondere multistabile Tensegrity Strukturen, eine enorme Vielfalt an Ansätzen zur Variation des dynamischen Verhaltens, um die kriechende Lokomotion an die gegebenen Umgebungsbedingungen anzupassen.

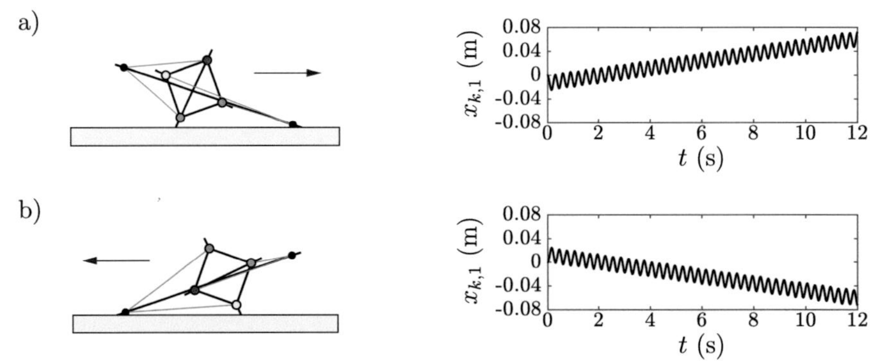

Abbildung 6.9: Kriechende Lokomotion für symmetrische Zustände mit $\hat{a}_7 = 0.062$ m, $\hat{a}_8 = 0.003$ m, $f_{err} = 3.\bar{3}$ Hz – a) $\Delta l_{0,7} = \hat{a}_7$, $\Delta l_{0,8} = \hat{a}_8 \sin(2\pi f_{err} t)$: $v_{Lok} = 0.0062$ m/s, b) $\Delta l_{0,7} = \hat{a}_8 \sin(2\pi f_{err} t)$, $\Delta l_{0,8} = \hat{a}_7$: $v_{Lok} = -0.0062$ m/s.

Auf eine Auswertung der Effizienz der kriechenden Fortbewegung wird an dieser Stelle verzichtet. Der Wirkungsgrad ist ebenfalls empfindlich gegenüber den Systemparameter, sodass für eine Fortbewegung in unbekanntem Terrain keine gezielte Auslegung einer effizienten kriechenden Lokomotion möglich ist.

6.1.4 Simulation des transversalen Gleichgewichtslagenwechsels

Zuletzt wird ein Wechsel zwischen stabilen Gleichgewichtskonfigurationen der Tensegrity Struktur betrachtet, die in der Aktuatorkarte in Abb. 5.9 nicht benachbart sind ($1 \rightarrow 5$, $3 \rightarrow 7$, $5 \rightarrow 1$, $7 \rightarrow 3$). Derartige Konfigurationswechsel werden im Folgenden als transversal bezeichnet. Bei den bisherigen Betrachtungen (zyklischer und periodischer Konfigurationswechsel) wurde der Gleichgewichtslagenwechsel durch den Übergang zwischen zwei monostabilen Parameterbereichen realisiert ($\Xi_{vorher} \rightarrow \Xi_{nachher}$). Für einen transversalen Konfigurationswechsel ist dies nicht möglich, da keine gemeinsamen Grenzen der relevanten monostabilen Parameterbereiche existieren (Abb. 6.10).

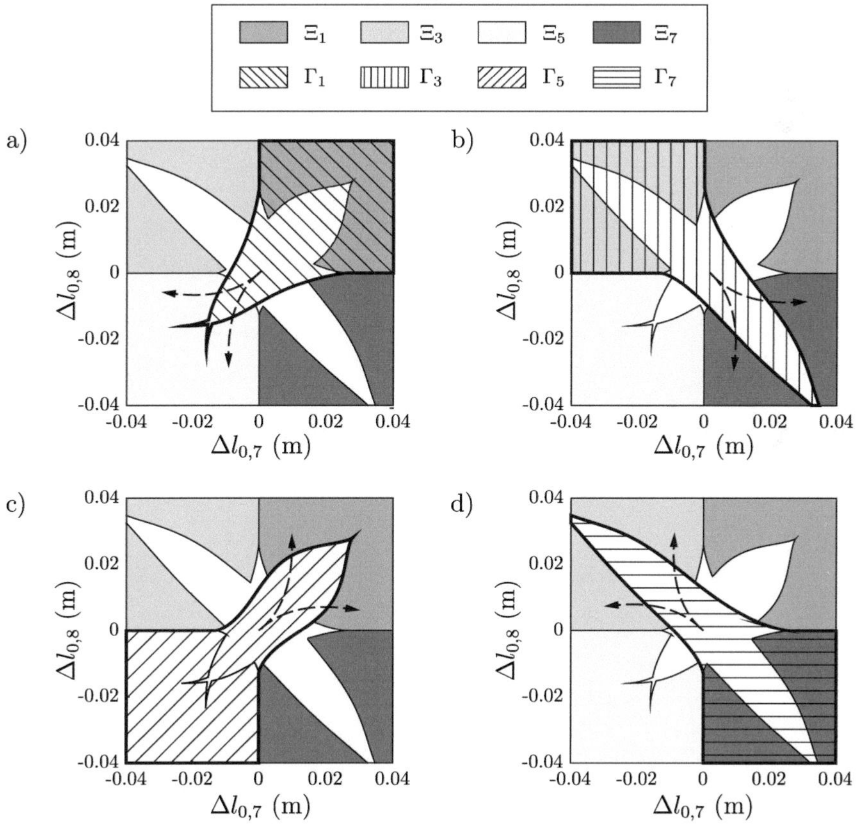

Abbildung 6.10: Darstellung der Existenzbereiche und monostabilen Parameterbereiche der stabilen Gleichgewichtskonfigurationen der multistabilen Tensegrity Struktur zur Veranschaulichung der möglichen Konfigurationswechsel – a) transversaler Konfigurationswechsel $1 \rightarrow 5$ b) transversaler Konfigurationswechsel $3 \rightarrow 7$, c) transversaler Konfigurationswechsel $5 \rightarrow 1$, d) transversaler Konfigurationswechsel $7 \rightarrow 3$.

Um einen direkten transversalen Konfigurationswechsel zu realisieren, ist ein unmittelbarer Übergang vom Existenzbereich der vorherigen Konfiguration in den monostabilen Parameterbereich der angestrebten Konfiguration notwendig ($\Gamma_{vorher} \rightarrow \Xi_{nachher}$). Die Möglichkeiten eines transversalen Konfigurationswechsels sind in Abb. 6.10 durch Pfeile veranschaulicht. Hierbei wird deutlich, dass stets ein Durchqueren des multistabilen Parameterbereiches (weiße Fläche) notwendig ist.

In Abb. 6.11 werden die unterschiedlichen Konfigurationswechsel unter dem energetischen Aspekt veranschaulicht [SZB20]. Hierbei wurde für alle möglichen Konfigurationswechsel der Tensegrity Struktur die Formänderungsenergie der Tensegrity Struktur im statischen Gleichgewicht direkt vor und direkt nach dem Konfigurationswechsel ausgewertet. Die entsprechende Energiedifferenz ist in (6.11) formuliert.

$$\Delta\Pi = \Pi_{vorher} - \Pi_{nachher} \tag{6.11}$$

Die Ergebnisse in Abb. 6.11 verdeutlichen, dass für alle Konfigurationswechsel $\Delta\Pi \geq 0$ gilt. Demnach entsprechen diese Lagenwechsel einem Übergang in eine Konfiguration mit niedrigerem oder gleichem Energieniveau. An dieser Stelle wird ersichtlich, dass für einen Wechsel zwischen benachbarten monostabilen Parameterbereichen stets $\Delta\Pi = 0$ gilt (Abb. 6.11 $1 \leftrightarrow 3$, $3 \leftrightarrow 5$, $5 \leftrightarrow 7$ und $1 \leftrightarrow 7$). Dieser Sachverhalt erlaubt einen Hin- und Rückwechsel zwischen benachbarten Konfigurationen durch Überschreiten der gemeinsamen Grenze der relevanten monostabilen Parameterbereiche (z. B. $1 \rightarrow 3$ und $3 \rightarrow 1$). Die entsprechenden Konfigurationswechsel sind weiterhin hinsichtlich des

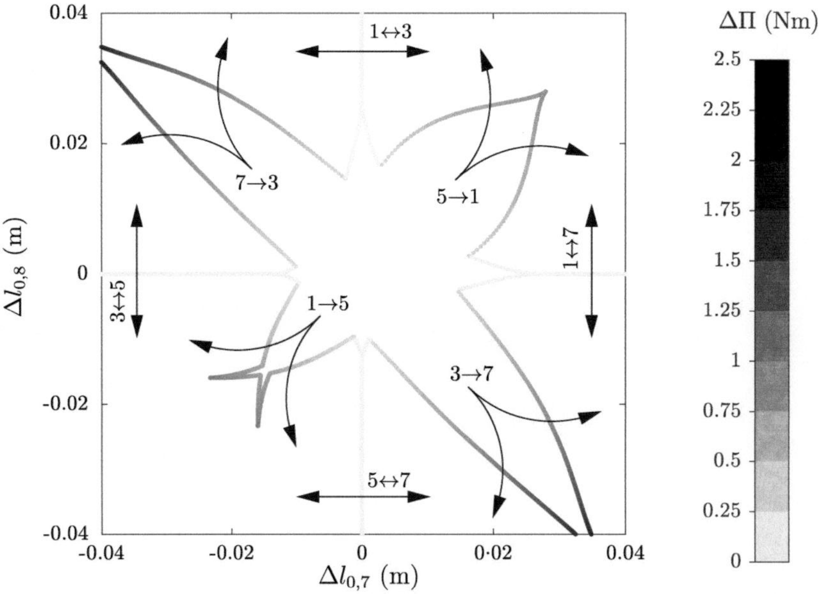

Abbildung 6.11: Darstellung der Energiedifferenz $\Delta\Pi$ infolge des Konfigurationswechsels zwischen stabilen Gleichgewichtslagen der multistabilen Tensegrity Struktur.

strukturdynamischen Verhaltens äquivalent (z. B. $\Xi_1 \rightarrow \Xi_3 \cong \Xi_3 \rightarrow \Xi_1$). Für die aktuell diskutierten transversalen Konfigurationswechsel folgen jedoch Energiedifferenzen, welche stets positiv sind und hohe Werte ($\Delta\Pi \approx 2.5$ Nm) annehmen. Durch den Übergang vom Existenzbereich der aktuellen Konfiguration in den monostabilen Parameterbereich der angestrebten Konfiguration sind beim inversen Konfigurationswechsel andere Existenzgrenze zu überschreiten (z. B. Abb. 6.11 $1 \rightarrow 5$ und $5 \rightarrow 1$). Dadurch ist das dynamische Verhalten infolge des Konfigurationswechsel beim Hin- und Rückwechsel unterschiedlich (z. B. $\Gamma_1 \rightarrow \Xi_5 \ncong \Gamma_5 \rightarrow \Xi_1$). Weiterhin ist in Abb. 6.11 die Symmetrie der Aktuatorkarte bezüglich der Winkelhalbierenden zu erkennen.

Die in Abb. 6.11 dargestellte Energiedifferenz wird infolge des Konfigurationswechsel zum Teil in kinetische Energie der Tensegrity Struktur transformiert. Dies führt zu einem abrupten *Umschnappen* in die angestrebte Konfiguration. Dieser Effekt ist in Abb. 6.12 c für die gelagerte Tensegrity Struktur bei einem Konfigurationswech-

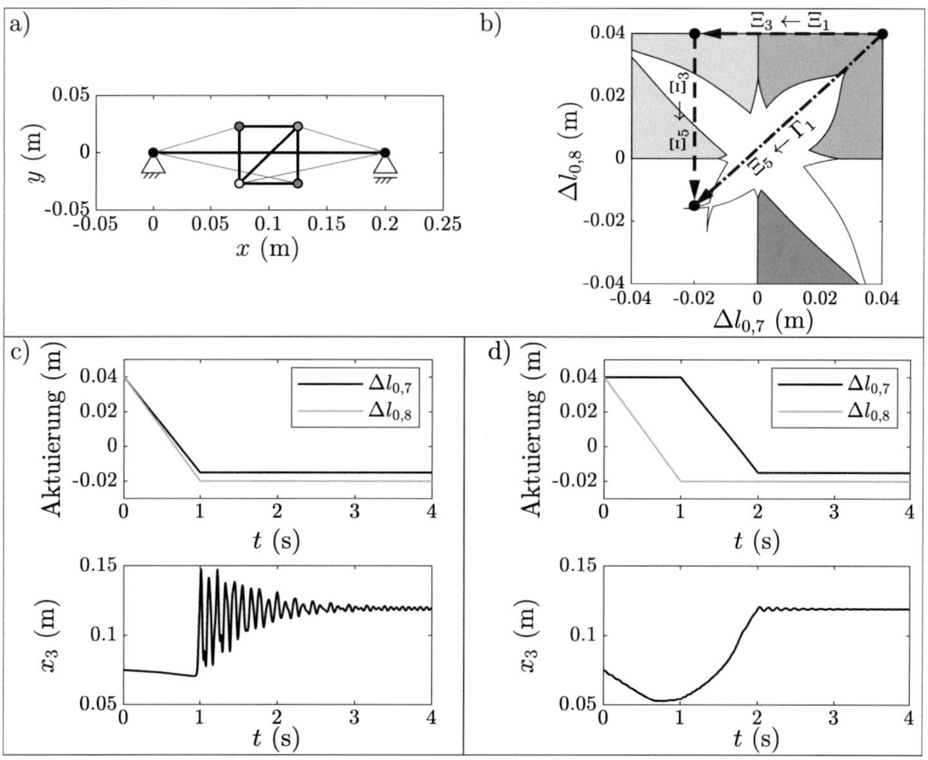

Abbildung 6.12: Aktuierungsstrategien für Konfigurationswechsel $1 \rightarrow 5$ der gelagerten Tensegrity Struktur – a) Initialkonfiguration der Tensegrity Struktur, b) Aktuatorkarte mit eingezeichneten Aktuierungspfaden, c) Aktuierung bei transversalem Konfigurationswechsel und x-Komponente von Knoten 3, d) Aktuierung bei zweimaligen Konfigurationswechsel zwischen benachbarten Gleichgewichtslagen und x-Komponente von Knoten 3.

sel 1 $\rightarrow$ 5 veranschaulicht (Abb. 6.12 b $\Gamma_1 \rightarrow \Xi_5$). Hierbei lässt die dargestellte x-Komponente von Knoten 3 das Ausmaß der freigesetzten Formänderungsenergie erahnen. Ein vergleichbarer Konfigurationswechsel zwischen benachbarten Gleichgewichtslagen unter Nutzung der monostabilen Parameterbereiche ist in Abb. 6.12 d abgebildet. Hierbei wird ein Konfigurationswechsel 1 $\rightarrow$ 3 $\rightarrow$ 5 betrachtet (Abb. 6.12 b $\Xi_1 \rightarrow \Xi_3 \rightarrow \Xi_5$). Für diese Aktuierung sind keine hochdynamischen Effekte wie Umschnappen erkennbar.

Im Folgenden wird die Lokomotion infolge eines transversalen Konfigurationswechsels betrachtet. Hierzu wird als Initialzustand exemplarisch der Zustand $1_{(3,4)}$ vorausgesetzt. Dieser ist in Abb. 6.13 a abgebildet. Es wird die Aktuierungsstrategie aus Abb. 6.12 c zur Realisierung des transversalen Konfigurationswechsels 1 $\rightarrow$ 5 genutzt und die Bewegung des Systems simuliert. Verschiedene Zustände dieser Bewegung sind in Abb. 6.13 dargestellt. Infolge der Aktuierung tritt Kontaktknoten 1 mit dem Untergrund in Berührung und Kontaktknoten 3 löst sich vom Untergrund (Abb. 6.13 b). Aufgrund des transversalen Konfigurationswechsels resultiert eine abrupte Drehung des inneren starren Rahmens um ca. -180° bzgl. der z-Achse. Hieraus folgt ein Aufschlag des Kontaktknotens 5 auf dem horizontalen Untergrund. Dieser Zustand ist in Abb. 6.13 c dargestellt. Diese Kollision führt zu einem Abheben des gesamten Systems (Abb. 6.13 d). Nach einer Flugphase tritt der erste Kontakt mit dem Untergrund am Kontaktknoten 5 auf (Abb. 6.13 e). Nach weiteren transienten Schwingungen infolge

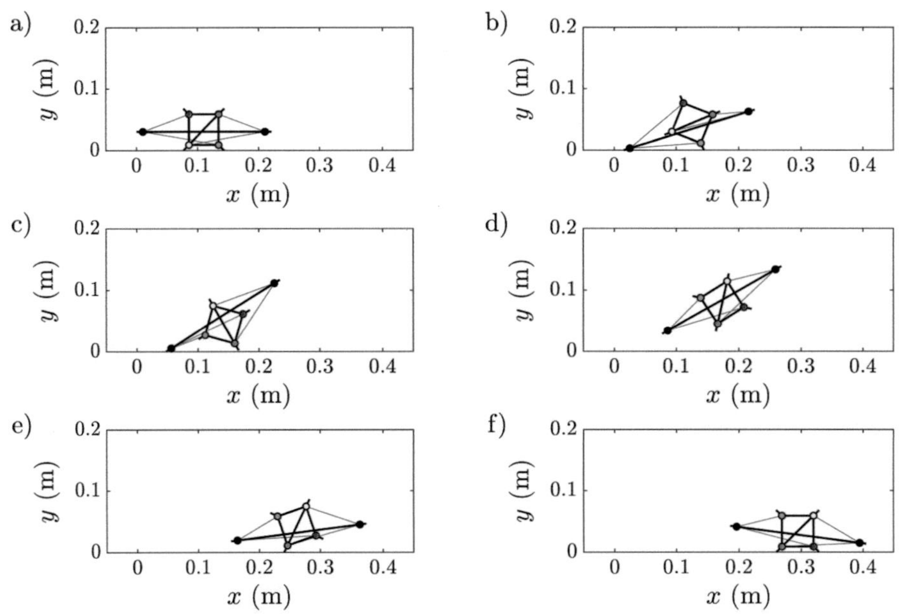

Abbildung 6.13: Ausgewählte Zustände (a – f) während der *springenden Fortbewegung* der Tensegrity Struktur infolge des transversalen Konfigurationswechsels 1 $\rightarrow$ 5.

der Kollision mit dem Untergrund resultiert der Zustand $5_{(5,6)}$. Dieser Zustand ist in Abb. 6.13 f abgebildet. Der Vergleich des finalen Zustandes mit dem Initialzustand zeigt, dass eine Fortbewegung in positive x-Richtung resultiert. Aufgrund der Flugphase des Systems wird diese Fortbewegung als *springende Lokomotion* bezeichnet [SZB20].
Basierend auf den Ergebnissen in Abb. 6.13 eignet sich die springende Lokomotion offensichtlich zum Überwinden von Hindernissen oder zum Überqueren von Lücken im Untergrund. Derartige Szenarien werden in Abb. 6.4 beispielhaft betrachtet. Hierbei wird der Initialzustand $5_{(5,6)}$ gewählt und der transversale Konfigurationswechsel $5 \rightarrow 1$ angestrebt. Die entsprechende Aktuierungsstrategie auf Basis der Aktuatorkarte in Abb. 5.9 ist in Abb. 6.14 a dargestellt. In Abb. 6.14 b wird ein Hindernis in Form einer Stufe der Höhe 0.040 m betrachtet. Die Simulation der Lokomotion infolge des transversalen Konfigurationswechsel zeigt einen Sprung auf die Stufe. Dadurch kann das Hindernis überwunden werden und die Fortbewegung des Lokomotionssystems fortgesetzt werden. Analoge Betrachtungen werden für eine Lücke im Untergrund mit einer Breite von 0.080 m ausgewertet. Basierend auf den Simulationsdaten ermöglicht die springende Lokomotion auch für dieses Szenario ein Überqueren des Hindernisses. Die hier diskutierten Hindernisse sind für andere Lokomotionssysteme meist nicht passierbar. Auch die bisherigen Fortbewegungsarten des Lokomotionssystems (schreitende, kriechende Lokomotion) würden an diesen Umgebungen scheitern. Die springende Fortbewegung ermöglicht hingegen ein Passieren der Hindernisse und eine Fortsetzung der Lokomotion.

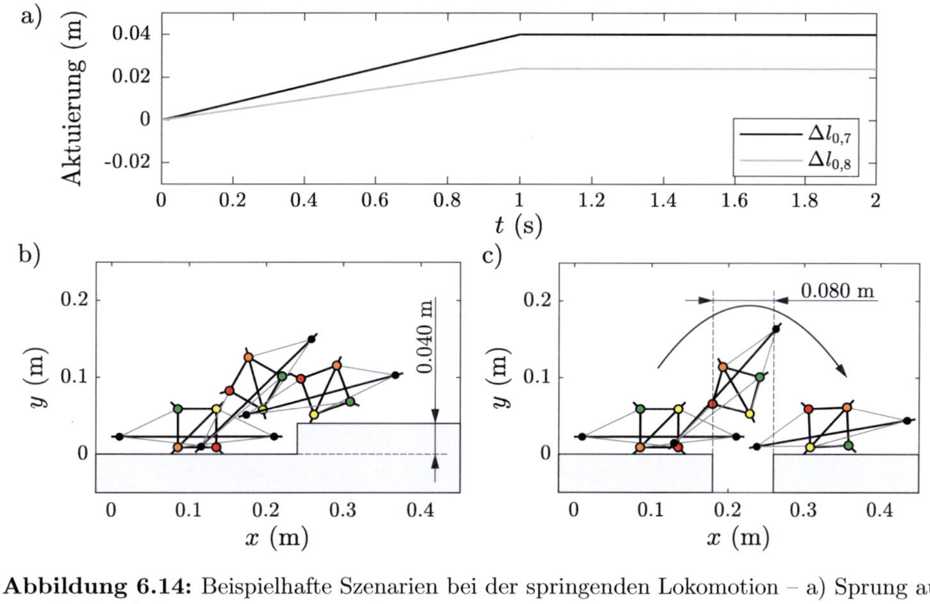

Abbildung 6.14: Beispielhafte Szenarien bei der springenden Lokomotion – a) Sprung auf eine Stufe, b) Sprung über eine Lücke im Untergrund.

Zur Auswahl einer geeigneten Aktuierungsstrategie zur Maximierung der Sprungweite bzw. der Sprunghöhe werden im Folgenden verschiedene transversale Konfigurationswechsel simuliert und die resultierenden Lokomotionscharakteristiken ausgewertet. Die allgemeine Aktuierung ist in (6.12) durch den Parameter ϑ definiert (Abb. 6.15).

$$\Delta l_{0,7} = 0.040 \text{ m } \cos(\vartheta), \quad \Delta l_{0,8} = 0.040 \text{ m } \sin(\vartheta) \tag{6.12}$$

Entsprechend Abb. 6.10 wird für den transversalen Konfigurationswechsel die Initialkonfiguration durch den Parameter ϑ definiert. Dieser Parameter definiert die Aktuierung der Tensegrity Struktur innerhalb der Aktuatorkarte (Abb. 6.15). Um einen transversalen Konfigurationswechsel zu gewährleisten, muss infolge dieser Aktuierung der Existenzbereich der Initialkonfiguration verlassen werden und der monostabile Parameterbereich der angestrebten Konfiguration unmittelbar angesteuert werden. Hinsichtlich des Initialzustandes Lokomotionssystems sind hier je zwei Zustände möglich. Dieser Sachverhalt ist in (6.13) formuliert.

$$\boldsymbol{q}_k(t=0) \,\widehat{=}\, \begin{cases} 1_{(3,4)} \vee 1_{(5,6)} & \text{falls } \pi \leq \vartheta \leq \frac{3}{2}\pi \\ 3_{(4,5)} \vee 3_{(3,6)} & \text{falls } \frac{3}{2}\pi \leq \vartheta \leq 2\pi \\ 5_{(5,6)} \vee 5_{(3,4)} & \text{falls } 0 \leq \vartheta \leq \frac{\pi}{2} \\ 7_{(3,6)} \vee 7_{(4,5)} & \text{falls } \frac{\pi}{2} \leq \vartheta \leq \pi \end{cases} \tag{6.13}$$

Nachfolgend werden die Sprunghöhe sowie die Sprungweite für verschiedene Werte von ϑ ausgewertet. Hierbei wird ausschließlich der Zeitraum bis zum ersten Kontakt nach der Flugphase betrachtet ($t \in [0, t_A]$). Weitere Sprünge durch transiente Effekte infolge der Kollision mit dem Untergrund werden bei den Betrachtungen ausgeschlossen. Die Sprunghöhe Δy ist in (6.14) definiert. Die Sprungweite Δx entspricht dem maximal überquerbaren Abstand.

$$\Delta y = \max_{t \in [0, t_A]} (y_{min}(t)) \quad \text{mit } y_{min}(\tilde{t}) = \min\left(y_{k,1}, y_{k,2}, y_{k,3}, y_{k,4}, y_{k,5}, y_{k,6}\right)\big|_{t=\tilde{t}} \tag{6.14}$$

Die Ergebnisse der springenden Fortbewegung sind in Abb. 6.15 für verschiedene Parameter ϑ dargestellt. Hierbei wird deutlich, dass für verschiedene Aktuierungen zum Teil erhebliche Sprunghöhen resultieren. Weiterhin ist zu erkennen, dass sowohl ein Sprung in positive x-Richtung als auch ein Sprung in negative x-Richtung möglich ist. Die Richtungssteuerung erfolgt auch hier durch Nutzung der Symmetrie. Dementsprechend ist auch in Abb. 6.15 die Winkelhalbierende als Symmetrieachse zu identifizieren. Es ist zu beachten, dass für die unterschiedlichen Initialkonfigurationen in Abb. 6.15 signifikant verschiedene Sprungcharakteristiken resultieren. Insgesamt motivieren diese Ergebnisse zur Nutzung der springenden Lokomotion zur Erweiterung des potentiellen Einsatzbereiches des Lokomotionssystems.

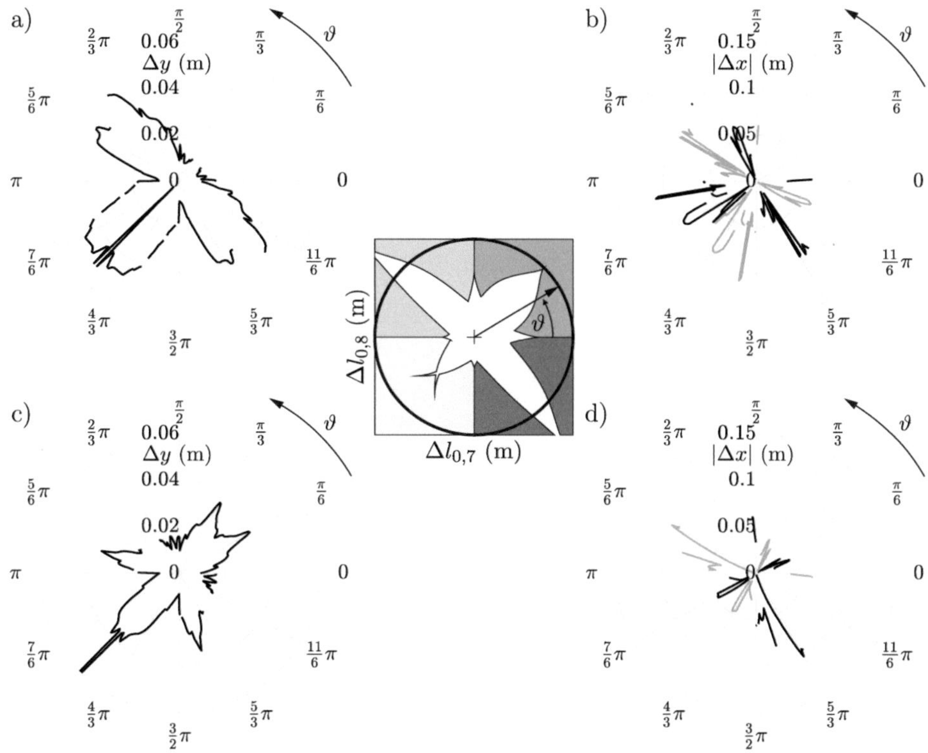

Abbildung 6.15: Sprunghöhe Δy und Sprungweite Δx in Abhängigkeit vom Aktuatorparameter ϑ – a) Sprunghöhe für Initialzustände $1_{(3,4)}$, $3_{(4,5)}$, $6_{(5,6)}$, $7_{(3,6)}$, b) Sprungweite für Initialzustände $1_{(3,4)}$, $3_{(4,5)}$, $6_{(5,6)}$, $7_{(3,6)}$ (schwarz: Vorwärtssprung, grau: Rückwärtssprung), c) Sprunghöhe für Initialzustände $1_{(5,6)}$, $3_{(3,6)}$, $6_{(3,4)}$, $7_{(4,5)}$, d) Sprungweite für Initialzustände $1_{(5,6)}$, $3_{(3,6)}$, $6_{(3,4)}$, $7_{(4,5)}$ (schwarz: Vorwärtssprung, grau: Rückwärtssprung).

Auf eine Auswertung der Effizienz wird an dieser Stelle verzichtet. Für diese Lokomotionsform steht die Möglichkeit des Überquerens der geschilderten Hindernissen bzw. Umgebungsbedingungen im Vordergrund.

6.2 Experimentelle Untersuchung des Lokomotionsverhaltens

Im Folgenden werden Experimente mit dem entwickelten Prototyp zur Verifikation der unterschiedlichen Lokomotionsprinzipien vorgestellt. Es werden die schreitende Lokomotion, die kriechende Lokomotion sowie die springende Lokomotion experimentell untersucht. Die Umgebung wird dabei durch einen horizontalen Untergrund realisiert. Die diskutierten Aktuatorstrategien werden via Funk als Solltrajektorien an den Prototyp gesendet und als Folgeregelung realisiert. Die resultierenden Messdaten werden mit den theoretischen Ergebnissen verglichen und diskutiert. Im Rahmen dieser Arbeit liegt das Hauptaugenmerk auf dem Funktionsnachweis der unterschiedlichen Fortbewegungsarten. Auf eine hochgenaue messtechnische Untersuchung der Lokomotionscharakteristik wird im Folgenden verzichtet. Hierzu sind weiterführende experimentelle Untersuchungen unter Nutzung entsprechender Messsensorik und erweiterten Messaufbauten notwendig.

6.2.1 Experimentelle Untersuchung der schreitenden Fortbewegung

Um die Funktionsweise der schreitenden Lokomotion experimentell nachzuweisen, ist zuerst das Auftreten von Kippsequenzen infolge von Gleichgewichtslagenwechseln der multistabilen Tensegrity Struktur zu testen. In Anlehnung an Abb. 6.2 b wird der Konfigurationswechsel und die damit verbundene Kippsequenz des Systems untersucht. Dementsprechend wird der Prototyp des Bewegungssystems auf einer horizontalen Ebene platziert und der Konfigurationswechsel $1 \to 3$ der Tensegrity Struktur betrachtet. Dabei wird als Initialzustand des Lokomotionssystems der Zustand $1_{(3,4)}$ gewählt (Abb. 6.16 a, vgl. Abb. 6.2 b Zustand **I**). Der Gleichgewichtslagenwechsel wird optisch erfasst (Logitech C922 Pro Stream Webcam). Verschiedene Zustände dieses Konfigurationswechsels sind in Abb. 6.16 dargestellt. Beginnend im stabilen Zustand $1_{(3,4)}$ tritt infolge der Aktuierung der Kontaktknoten 1 mit dem horizontalen Untergrund in Berührung (Abb. 6.16 a, vgl. Abb. 6.2 b Zustand **II**). Anschließend stützt sich das System am Kontaktknoten 1 ab, sodass sich Kontaktknoten 3 um Untergrund löst (Abb. 6.16 b, vgl. Abb. 6.2 b Zustand **III**). Hierbei verlagert sich der Schwerpunkt des Lokomotionssystems, bis eine kritische Konfiguration erreicht wird. In dieser Konfiguration sind die x-Komponenten des Schwerpunktes und des Kontaktknotens 4 identisch (Abb. 6.16 b, vgl. Abb. 6.2 b Zustand **IV**). Nach Überschreiten der kritischen Konfiguration tritt die Kippbewegung bezüglich des Kontaktknotens 4 auf. Hierbei löst sich Kontaktknoten 1 vom Untergrund und infolge des Kippens tritt ein neuer Kontakt an Kontaktknoten 2 auf (Abb. 6.16 c, vgl. Abb. 6.2 b Zustände **V**). Es resultiert, wie in Simulationen gezeigt, der finale Zustand $3_{(4,5)}$. Auch im Experiment bestätigt der Vergleich des Initialzustandes mit dem finalen Zustand die Verlagerung des Lokomotionssystems in positive x-Richtung.
Die weiteren Konfigurationswechsel zwischen benachbarten Gleichgewichtskonfigurationen der multistabilen Tensegrity Struktur wurden analog untersucht. Diese Experimente zeigen, dass ebenfalls Kippbewegungen mit ähnlichen Eigenschaften auftreten. Hierbei kippt für die Konfigurationswechsel $1 \to 3$, $3 \to 5$, $5 \to 7$ und $7 \to 1$ das Lokomotionssystem in positive x-Richtung (vgl. Abb. 6.2 c). Für die inversen Konfigurationswechsel $3 \to 1$, $5 \to 3$, $7 \to 5$ und $1 \to 7$ resultiert eine Kippbewegung in negative x-Richtung. Dadurch kann das Auftreten von Kippsequenzen infolge von Konfigurationswechseln zwischen benachbarten stabilen Gleichgewichtslagen der multistabilen Tensegrity Struktur experimentell verifiziert werden. Auch die Richtungskontrolle der Kippbewegung durch Invertierung der angesteuerten Zustände kann im Experiment bestätigt werden.

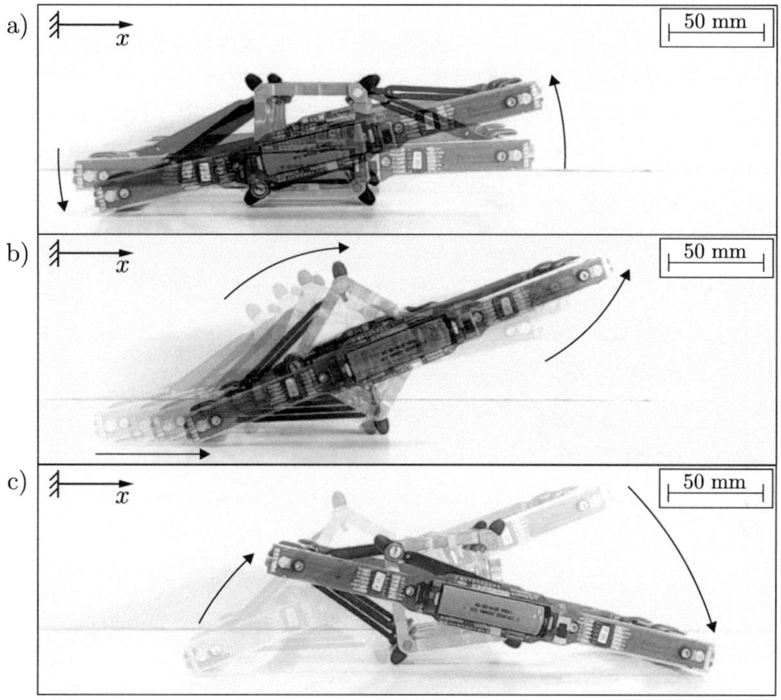

Abbildung 6.16: Verschiedene Zustände des Prototyps beim Wechsel der Gleichgewichtskonfiguration 1 → 3 der Tensegrity Struktur.

Die schreitende Lokomotion basiert auf wiederholten Kippbewegungen infolge von sukzessiven zyklischen Konfigurationswechseln. Zur experimentellen Untersuchung dieser Fortbewegung unter Nutzung des Prototyps wird die Aktuierungsstrategie aus Abb. 6.2 a ($1 \rightarrow 3 \rightarrow 5 \rightarrow 7 \rightarrow 1 \rightarrow \ldots$) mit einer Zykluszeit von $T_{Zyklus} = 8$ s implementiert. Zur qualitativen Darstellung der resultierenden Lokomotion werden während eines Aktuierungszklyus verschiedene Zustände aufgenommen (Logitech C922 Pro Stream Webcam). Diese Zustände sind in Abb. 6.17 dargestellt. Diese Grafik zeigt, dass infolge jedes Konfigurationswechsels eine Kippbewegung in positive x-Richtung auftritt. Dementsprechend resultiert eine kontrollierte schreitende Fortbewegung. Der Vergleich des finalen Zustandes mit dem Initialzustand verdeutlicht die zurückgelegte Strecke. Die dargestellten Zustände bestätigen weiterhin qualitativ die Simulationsdaten aus Abb. 6.2 c. Eine Invertierung der Aktuierungsstrategie zur Realisierung einer Fortbewegung in negative x-Richtung wurde ebenfalls experimentell getestet und bestätigt. Dementsprechend resultiert infolge des zyklischen Konfigurationswechsels eine kontrollierte schreitende Fortbewegung des Lokomotionssystems. Die Richtungskontrolle erfolgt, wie bereits in den Simulationen gezeigt wurde, über die Reihenfolge der angesteuerten stabilen Gleichgewichtskonfigurationen der Tensegrity Struktur.

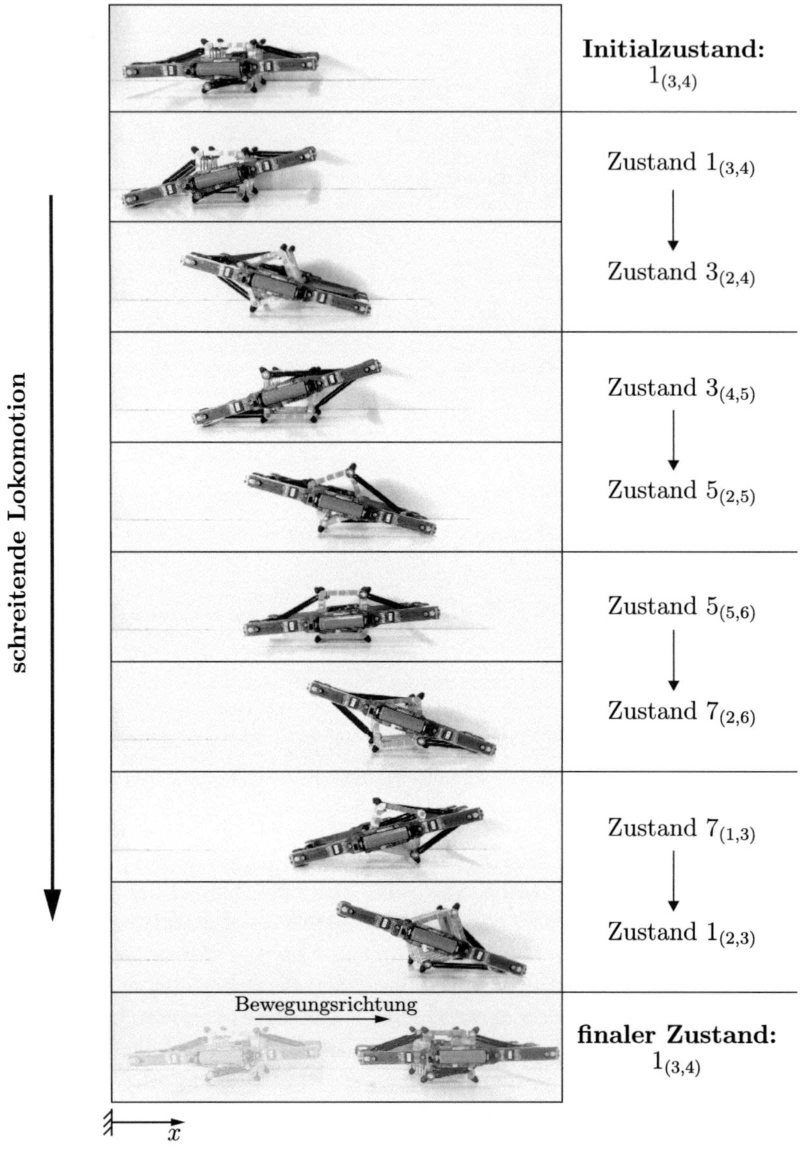

Abbildung 6.17: Ausgewählte Zustände des Prototyps während eines zyklischen Konfigurationswechsels $1 \rightarrow 3 \rightarrow 5 \rightarrow 7 \rightarrow 1$ zur Veranschaulichung der schreitenden Lokomotion.

Neben der qualitativen Untersuchung der schreitenden Lokomotion wird ebenfalls eine quantitative Betrachtung durchgeführt, um die Güte der numerischen Simulationen zur Beschreibung der Fortbewegung einzuordnen. Hierzu wird erneut der Konfigurationswechsel $1 \rightarrow 3 \rightarrow 5 \rightarrow 7 \rightarrow 1$ betrachtet und die resultierende Bewegung optisch erfasst (Logitech C922 Pro Stream Webcam, Framerate: 60 Fps). Dabei wurde der Prototyp mit Schwarzlicht beleuchtet, um die farblich markierten Knotenpunkte 3, 4, 5 und 6 hervorzuheben. Anschließend wurden mit Hilfe des Programms TRACKER (`https://physlets.org/tracker/`) die Positionen dieser Knoten bildweise ausgewertet und die dazugehörigen Trajektorien erstellt. Hierbei ist zu beachten, dass in manchen Bildern die Knoten 3, 4, 5 und 6 der Tensegrity Struktur durch das Drucksegment 1 verdeckt sind und somit deren Auswertung nicht möglich ist. Diese Ergebnisse sowie die theoretischen Trajektorien auf Basis von numerischen Simulationen sind in

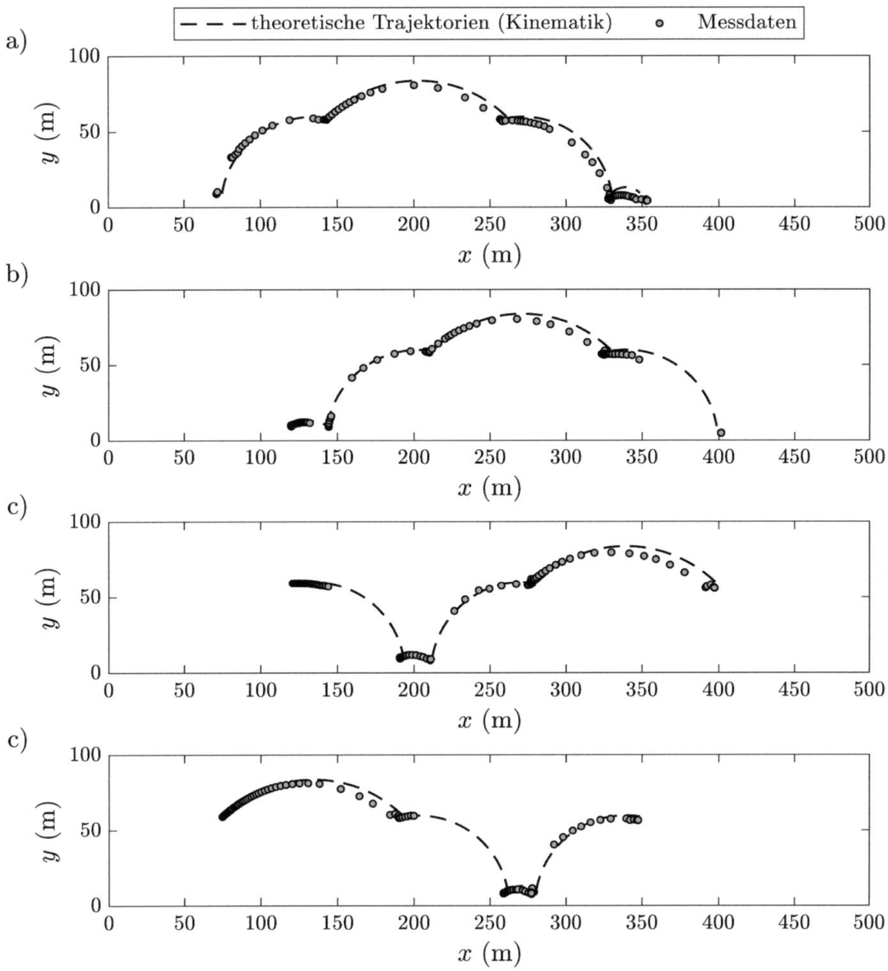

Abbildung 6.18: Vergleich der theoretischen Trajektorien der Knotenpunkte auf Basis von numerischen Simulationen mit den Messdaten – a) Knoten 3, b) Knoten 4, c) Knoten 5, d) Knoten 6.

Abb. 6.18 dargestellt. Die experimentell bestimmten Bahnkurven stimmen mit den Simulationsergebnissen sowohl qualitativ als auch quantitativ überein. Insbesondere der Verlauf der Messkurven zeigt deutlich, dass sich die Trajektorien näherungsweise aus verschiedenen Kreissegmente zusammensetzen. Dieser Sachverhalt erinnert an den kinematischen Ansatz zur Abschätzung des Lokomotionsverhaltens (Abb. 6.3 b). Jedoch ist zu erkennen, dass die Abweichungen zwischen theoretischen und experimentellen Ergebnissen im Laufe der Fortbewegung zunehmen. Die Zunahme dieser Abweichung hat mehrere Gründe. Die theoretischen Trajektorien basieren auf einer geradlinigen Fortbewegung. Im Experiment hingegen wurde ebenfalls ein Versatz in z-Richtung beobachtet. Diese parasitäre Bewegung resultierte durch eine Verdrehung des Prototyps bezüglich der y-Achse aufgrund asymmetrischer Aktuierungen infolge von Reglerabweichungen oder unterschiedlichen Reibungsverhältnissen des Untergrunds. Diese Bewegung kann vom zweidimensionalen mechanischen Modell nicht berücksichtigt werden. In Experimenten werden weiterhin beim Kippen die Kollisionen mit dem Untergrund, welche zu transienten Effekten führen, deutlich. Derartige Szenarien werden zwar vom theoretischen Modell erfasst, basieren jedoch auf den Kontaktparameter k_g, c_g, μ und μ_0. Diese Größen konnten im Rahmen von Vorversuchen nur abgeschätzt werden. Weiterhin hängen diese Parameter von der Kontaktstelle auf dem Untergrund ab. Dementsprechend nehmen die Abweichungen der experimentellen Trajektorien zu den theoretischen Bahnkurven mit jeder Kippsequenz zu. Zuletzt sind systematische Fehler aufgrund der Messaufbaus und der zugehörigen Messauswertung denkbar. Für zukünftige hochgenaue Auswertungen des Lokomotionsverhaltens der schreitenden Fortbewegung sind diese Aspekte ebenfalls zu berücksichtigen. Im Rahmen dieser Arbeit werden diese Fehler hinsichtlich der Modellgröße und des zurückgelegten Weges als nicht wesentlich erachtet.

Diese experimentellen Untersuchungen bestätigen die theoretischen Erkenntnisse der schreitenden Lokomotion. Infolge eines zyklischen Konfigurationswechsels zwischen benachbarten stabilen Gleichgewichtslagen der multistabilen Tensegrity Struktur treten Kippbewegungen auf, die zu einer Verlagerung des Lokomotionssystems führen. Eine Wiederholung dieser Bewegungssequenzen ermöglicht eine kontrollierte Fortbewegung. Dabei kann die Bewegungsrichtung durch die Anordnung der angesteuerten Gleichgewichtslagen kontrolliert werden. Die dazugehörige Aktuierungsstrategie ist vergleichsweise einfach. Insgesamt stellt die schreitende Fortbewegung ein zuverlässiges Lokomotionsprinzip zur Realisierung einer bidirektionalen einachsigen Fortbewegung dar.

6.2.2 Auswertung der kriechenden Fortbewegung

In diesem Abschnitt wird das Lokomotionsverhalten des Prototyps infolge einer harmonischen Aktuierung experimentell betrachtet. Hierbei liegt der Fokus auf der Richtungskontrolle der Fortbewegung unter Nutzung von Symmetrie und Multistabilität (vgl. Abb. 6.9). Die Aktuierung des Prototyps zur Realisierung einer kriechenden Lokomotion wird gemäß (6.9) definiert und implementiert. Infolge von Vorversuchen werden zur Realisierung einer regulären und effizienten Fortbewegung die Aktuatorparameter $\hat{a}_7 = 0.003$ m, $\hat{a}_8 = 0.062$ m und $f_{err} = 3.\bar{3}$ Hz gewählt. Dies entspricht einem periodischen Wechsel zwischen den stabilen Gleichgewichtskonfigurationen 1 und 3 der multistabilen Tensegrity Struktur. Der Initialzustand des Lokomotionssystems wird hierbei durch die Aktuatorparameter für $t = 0$ s definiert wobei die Kontaktknoten 2 und 4 mit dem horizontalen Untergrund in Berührung sind. Dieser Initialzustand des Lokomotionssystems sowie das zugehörige qualitative Bewegungsverhalten des Prototyps sind in Abb. 6.19 a dargestellt. Die resultierende Lokomotion wird auch in diesem Fall optisch erfasst (Logitech C922 Pro Stream Webcam, Framerate: 60 Fps). Analog zu den vorherigen Experimenten der schreitenden Lokomotion wird der Prototyp mit Schwarzlicht beleuchtet, um die Sichtbarkeit der farblich markierten Knoten zu verbessern. Die Trajektorien der Knotenpunkte werden mittels Motion Capturing (TRACKER) ausgewertet. Die experimentellen Ergebnisse in Abb. 6.20 a zeigen, dass sich das Lokomotionssystem infolge des periodischen Konfigurationswechsel in positive x-Richtung bewegt. Die entsprechenden Trajektorien verdeutlichen, dass eine reguläre stationäre Fortbewegung vorliegt. Weiterhin wird die Lokomotionsgeschwindigkeit des Schwerpunktes vom Drucksegment 1 mittels linearer Regression bestimmt. Hierfür resultiert $v_{Lok} = 5.4$ mm/s. Das qualitative Verhalten der kriechenden Fortbewegung mit den Simulationsdaten aus Abb. 6.9 überein. Auch die quantitativen Abweichungen zu den Simulationsdaten aus Abb. 6.9 (Simulation: $v_{Lok} = 6.2$ mm/s, Experiment: $v_{Lok} = 5.4$ mm/s) sind vertretbar.

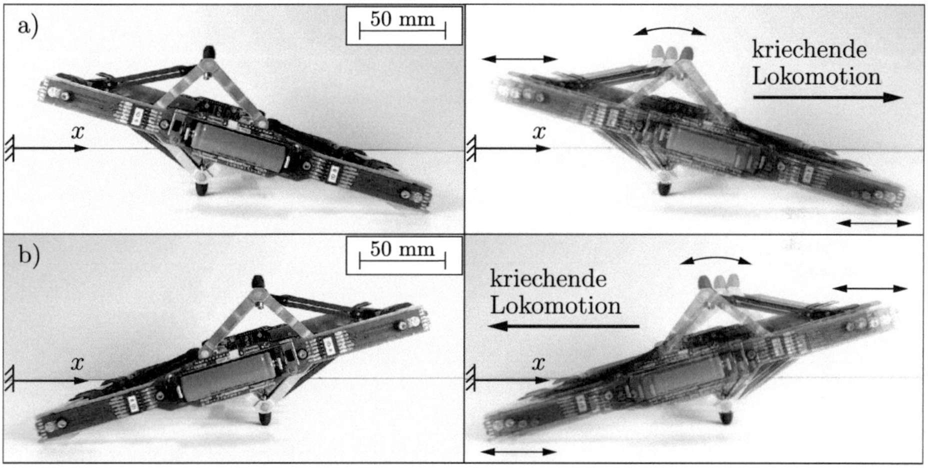

Abbildung 6.19: Qualitative Darstellung der angesteuerten Konfiguration sowie der entsprechenden Schwingungsmode des Lokomotionssystem bei periodischer Aktuierung – a) periodischer Konfigurationswechsel 1 $\leftrightarrow$ 3, b) periodischer Konfigurationswechsel 1 $\leftrightarrow$ 7.

Aufgrund der Symmetrie des Lokomotionssystems wird für einen gespiegelten Zustand ein identisches Lokomotionsverhalten erwartet, wobei eine Fortbewegung in negative x-Richtung resultiert. Dieser Ansatz ist in Abb. 6.19 b qualitativ dargestellt. Hierbei ist zu beachten, dass neben dem Initialzustand ebenfalls die Aktuierung anzupassen ist. Somit wird das Zugsegment 8 periodisch aktuiert, während das Zugsegment 7 die Vorspannung der Tensegrity Struktur kontrolliert. Demnach gilt $\Delta l_{0,7} = 0.062$ m, $\Delta l_{0,8} = 0.003$ m $\sin(2\pi f_{err} t)$ mit $f_{err} = 3.\bar{3}$ Hz. Diese Aktuierung entspricht einem periodischen Wechsel zwischen den stabilen Gleichgewichtskonfigurationen 1 und 7 der multistabilen Tensegrity Struktur. Außerdem sind beim Initialzustand die Kontaktknoten 1 und 3 mit dem horizontalen Untergrund in Kontakt. Die dazugehörigen Ergebnisse des Experimentes sind in Abb. 6.20 b gegeben. Hierbei wird deutlich, dass ein Rückwärtskriechen des Lokomotionssystems resultiert. Weiterhin ist der qualitative Verlauf der Knotentrajektorien äquivalent. Jedoch resultiert eine Lokomotionsgeschwindigkeit von $v_{Lok} = -9.8$ mm/s. Demnach ist im Experiment ein deutlicher Unterschied der Lokomotionsgeschwindigkeiten in beiden Richtungen zu verzeichnen. Ein möglicher Grund für diese Abweichung sind die Reibungsverhältnissen des Untergrundes, die in Simulationen als isotrop und zeitinvariant angenommen wurden. Diese Forderung ist im Experiment nicht zu realisieren, sodass Abweichungen infolge unterschiedlicher Reibungseffekte möglich sind. Weiterhin sind erneut die Abweichungen der Kraft-Weg-Kennlinien der Elastomere zu nennen. Diese führen zu Abweichungen der Symmetrie des Bewegungssystems. Dieser Sachverhalt kann zu Abweichungen der entsprechenden dynamischen Eigenschaften führen. Detailuntersuchungen zu dieser Problematik sind Aufgaben für zukünftige Arbeiten. Insgesamt ist die beobachtete Fortbewegung zufriedenstellend, da die Richtungskontrolle durch Nutzung der Symme-

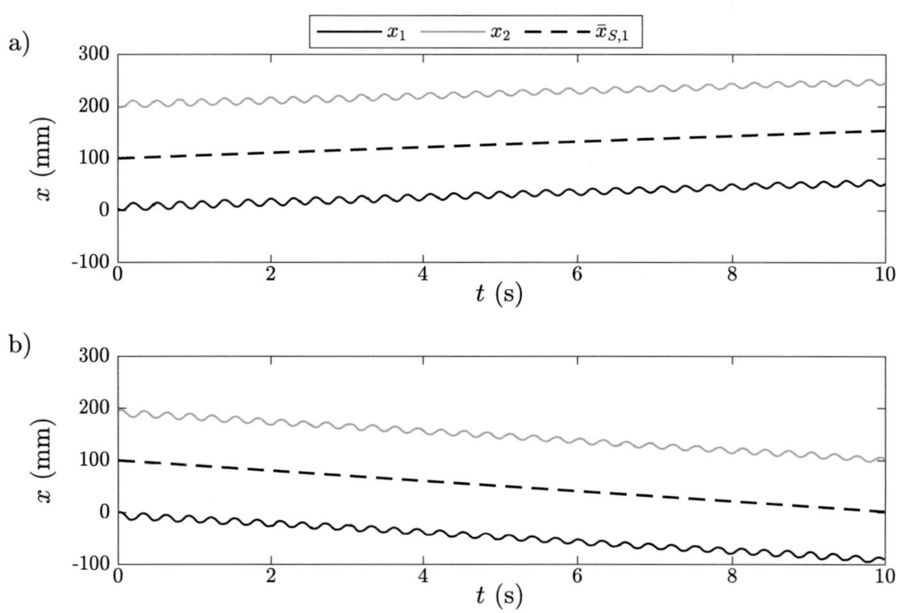

Abbildung 6.20: Messdaten der kriechenden Fortbewegung: x-Komponenten der Knotenpunkte 1 und 2 (detektiert mittels Motion Capturing sowie approximierte x-Komponente des Schwerpunkts des Drucksegments 1 $\bar{x}_{S,1}$ bei einer Aktuierungsfrequenz von $3.\bar{3}$ Hz – a) periodischer Konfigurationswechsel $1 \leftrightarrow 3$, b) periodischer Konfigurationswechsel $1 \leftrightarrow 7$.

trie experimentell bestätigt werden konnte. Die hier vorgestellte Richtungssteuerung ermöglicht eine Kontrolle der Bewegungsrichtung durch Ausnutzung der Multistabilität und Symmetrie des Systems.

In Experimenten kann die Symmetrie des Systems bezüglich der z-Achse nicht immer eingehalten werden. So können infolge von Reglerabweichungen asymmetrische Aktuierungen auftreten. Außerdem sind abweichende Kontakteigenschaften möglich. Die hieraus resultierende kriechende Fortbewegung ist nicht geradlinig. Dieser Sachverhalt motiviert zur gezielten asymmetrischen Aktuierung des Prototyps zur Realisierung einer kreisförmigen Bahnkurve des Lokomotionssystems. Dieser Ansatz wird [Sch+18a] verfolgt. Die entsprechenden Simulationen zeigen, dass der Radius, der Durchlaufsinn, sowie die Bahngeschwindigkeit dieser Trjaketorie durch die Aktuierung beeinflusst werden. Eine Kombination der Lokomotion mit geradliniger und kreisförmiger Trajektorie kann genutzt werden, um einen beliebigen Punkt in der x-z-Ebene anzusteuern..

6.2.3 Auswertung der springenden Fortbewegung

Die springende Fortbewegung basiert auf dem Wechsel zwischen Gleichgewichtskonfigurationen, die in der Aktuatorkarte in Abb. 5.9 nicht benachbart sind. Die folgenden experimentellen Untersuchungen sind beispielhaft für den transversalen Konfigurationswechsel $5 \to 1$ dargestellt. Für diesen abrupten Konfigurationswechsel kann das bisherige Messprinzip (Logitech C922 Pro Stream Webcam, Framerate: max. 60 Fps) aufgrund der unbefriedigenden zeitlichen Auflösung nicht genutzt werden. Zur genaueren Auflösung der springenden Fortbewegung wird eine HighSpeed-Kamera (*Optronis CamRecord CR3000x2*; Framerate: 500 Fps) genutzt. Auf den Vergleich der Trajektorien der Knotenpunkte dieses Lokomotionsprinzips mit Simulationsdaten wird im Folgenden verzichtet. Stattdessen dienen die folgenden Betrachtungen dem Nachweis des Fortbewegungsprinzips und dessen Einsatzmöglichkeiten. Folglich werden die in Abb. 6.14 dargestellten Szenarien im Experiment nachgestellt. Hierzu wird erneut der entwickelte Prototyp des Lokomotionssystems verwendet und die Aktuierungsstrategie aus Abb. 6.14 a implementiert.

In Anlehnung an Abb. 6.14 b wird der Sprung auf eine Stufe mit einer Höhe von 40 mm betrachtet. Analog zu den theoretischen Betrachtungen wird der Zustand $5_{(5,6)}$ als Initialzustand gewählt und der Prototyp vor einer Stufe auf einem horizontalen Untergrund platziert (Abb. 6.21 a). Infolge des transversalen Konfigurationswechsels der Tensegrity Stuktur springt das Lokomotionssystem im Experiment auf die Stufe. Ausgewählte Zustände dieser Fortbewegung sind in Abb. 6.21 abgebildet. Diese Zustände sind in Anlehung an Abb. 6.13 gewählt. Infolge der Aktuierung tritt Kontaktknoten 1 des Bewegungssystems mit dem horizontalen Untergrund in Berührung. Das System stützt sich an diesem Kontaktknoten vom Untergrund ab, sodass sich Kontaktknoten 5 vom Untergrund löst (Abb. 6.21 b). Durch den transversalen Konfigurationswechsel der Tensegrity Struktur rotiert der starre innere Rahmen des Systems abrupt um ca. 180° im Uhrzeigersinn. Dies führt zu einem Aufprall des Kontaktknotens 3 auf dem Untergrund (Abb. 6.21 c). Infolge dieser Kollision hebt im weiteren Verlauf das gesamte Lokomotionssystem ab (Abb. 6.21 d). Das Lokomotionssystem springt auf die

Stufe, wobei der erste Kontakt bei der Landung zwischen Kontaktknoten 3 und der Stufe auftritt (Abb. 6.21 e). Aufgrund der Kollision bei der Landung treten transiente Schwingungen der Tensegrity Struktur auf. Nach dem Abklingen dieser Schwingungen resultiert der finale Zustand $1_{(3,4)}$ des Lokomotionssystems (Abb. 6.21 f).

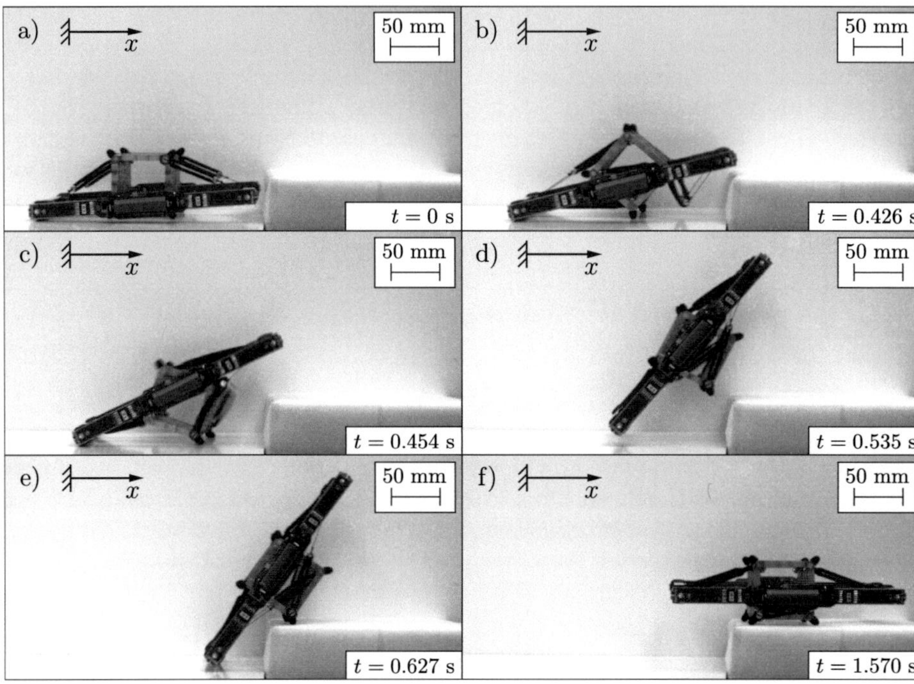

Abbildung 6.21: Zustände der springenden Lokomotion auf eine Stufe mit 40 mm Höhe (Aufnahme mit HighSpeed-Kamera) – a) Initialzustand des Lokomotionssystems $5_{(5,6)}$ b) Kippen des starren Körpers bezüglich Kontaktknoten 6, c) Aufschlagen des Kontaktknotens 3, d) Absprung des gesamten Lokomotionsystems, e) erster Kontakt auf Hindernis (Kontaktknoten 3), f) finaler Zustand des Lokomotionsystems $1_{(3,4)}$.

Mit dem Experiment kann die Möglichkeit einer springenden Fortbewegung des Lokomotionssystems nachgewiesen werden. Dieses Bewegungsprinzip ermöglicht den Sprung auf eine Stufe. Hierbei ist hervorzuheben, dass der Prototyp mit einer Höhe von ca. 68.4 mm eine Stufe von ca. 40 mm Höhe ($\widehat{=}$ 58% der Höhe des Prototyps) überqueren kann. Offensichtlich ist ein Überqueren dieses Hindernis unter Nutzung der schreitenden oder kriechenden Lokomotion nicht möglich.
Analoge Betrachtung werden für das Überqueren einer Lücke im Untergrund experimentell untersucht. In Anlehnung an Abb. 6.14 c wird eine Lücke mit einer Breite 80 mm in der Experimentierumgebung vorgesehen. Auch hierfür wird der transversale Konfigurationswechsel $5 \rightarrow 1$ der Tensegrity Struktur durch analoge Aktuierung (Abb. 6.14 a) realisiert, wobei der Zustand $5_{(5,6)}$ als Initialkonfiguration gewählt wird

(Abb. 6.22 a). Das Experiment bestätigt, dass durch die springende Lokomotion des Bewegungssystem ein Überqueren Lücke möglich ist. Verschiedene Zustände während dieser Fortbewegung sind in Abb. 6.22 abgebildet.

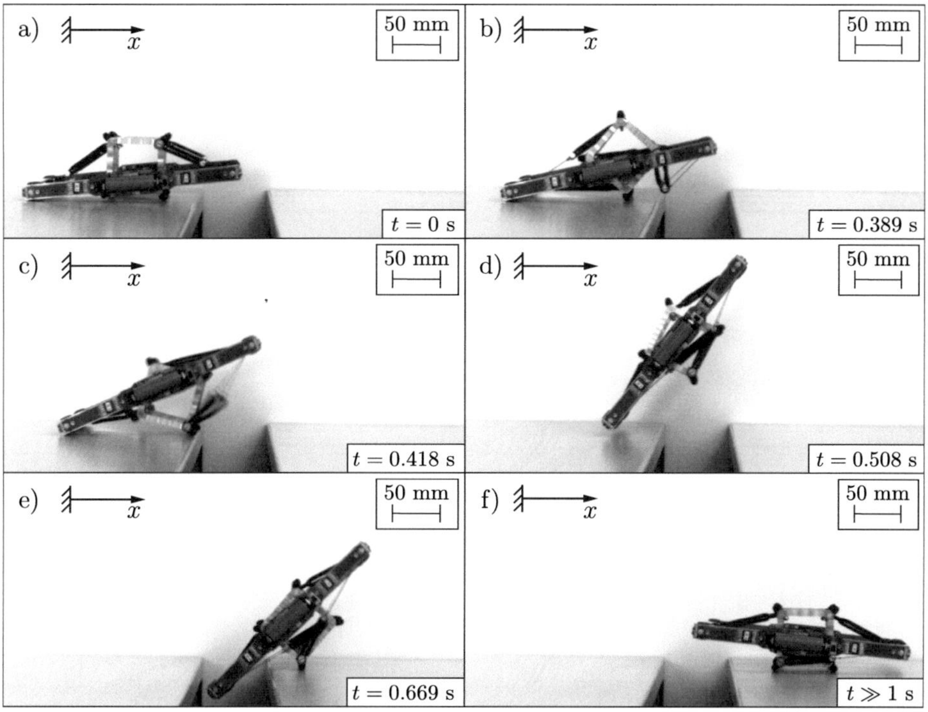

Abbildung 6.22: Zustände der springenden Lokomotion über eine Lücke mit 80 mm Breite (Aufnahme mit HighSpeed-Kamera) – a) Initialzustand des Lokomotionssystems $5_{(5,6)}$, b) Kippen des starren Köpers bezüglich Kontaktknoten 6, c) Aufschlagen des Kontaktknotens 3, d) Absprung des gesamten Lokomotionsystems, e) erster Kontakt nach Lücke (Kontaktknoten 3), f) finaler Zustand des Lokomotionsystems $1_{(3,4)}$.

Dieses Experiment bestätigt, dass die springende Lokomotion ebenfalls zum Überqueren von Lücken im Untergrund geeignet ist. Die Nutzung der schreitenden Lokmotion oder der kriechenden Lokomotion würde für die betrachtete Umgebung zu einem Absturz des Lokomotionssystems in die Lücke im Untergrund führen.

Die experimentellen Untersuchungen bestätigen die springende Lokomotion infolge des transversalen Konfiguationswechsels der Tensegrity Struktur. Die zugehörige Aktuierungsstrategie ist im Vergleich zu bekannten springenden Lokomotionssystemen vergleichsweise einfach. Die Positionskontrolle der Aktuatoren ist für eine zuverlässige Initialisierung des Absprungs genügend. Demnach werden keine zusätzlichen Anforderungen an die Aktuatoren des Systems gestellt, sodass weiterhin die Nutzung der gewöhnlichen Getriebemotoren ausreichend ist.

6.3 Weiterführende Betrachtungen

Im Folgenden wird das vorteilhafte Verhalten des betrachteten Lokomotionssystems herausgestellt. Hierbei werden die Ergebnisse der vorherigen Abschnitten mit den Eigenschaften von Lokomotionssystemen, die auf einer Tensegrity Struktur mit einer stabilen Gleichgewichtskonfiguration basieren, verglichen. Außerdem wird die mögliche Anwendung des entwickelten Lokomotionssystems zur Realisierung einer multimodalen Fortbewegung dargestellt.

6.3.1 Vergleich mit Lokomotionssystemen auf Basis von Tensegrity Strukturen mit einer stabilen Gleichgewichtskonfiguration

Zum übersichtlichen Vergleich des Bewegungssystems mit anderen Lokomotionssystemen, die auf Tensegrity Strukturen basieren, werden nachfolgend die unterschiedlichen Lokomotionsprinzipien (schreitende Lokomotion, kriechende Lokomotion, springende Lokomotion) separat betrachtet.

Schreitende Lokomotion

Die Nutzung von Tensegrity Strukturen als Lokomotionsysteme zur Realisierung einer Fortbewegung durch wiederholte Kippsequenzen ist bereits bekannt und wird in [KSH12; Kim+14; Bru+14a; Bru+14b; Sab+15; ASA18] verfolgt. Dabei handelt es sich jedoch stets um Tensegrity Strukturen mit einer stabilen Gleichgewichtskonfiguration. Ein vergleichbares Lokomotionssystem basierend auf der Tensegrity Struktur aus Abb. 3.1 wird nachfolgend betrachtet [Sch+18d]. Zur Realisierung einer zuverlässigen Konfigurationskontrolle sind gemäß den Erkenntnissen aus Abschnitt 3.5.2 mindestens 3 Aktuatoren notwendig. Der innerhalb dieser Arbeit entwickelte Prototyp ermöglicht jedoch eine vergleichbare Fortbewegung, welche nur 2 aktuierte Zugsegmente benötigt. Der Vergleich der schreitenden Fortbewegung dieser Lokomotionssysteme ist in Abb. 6.23 veranschaulicht. Diese Ergebnisse zeigen, dass die entsprechenden Aktuierungsstrategien (Abb. 6.23 a) qualitativ identisch sind. Demnach sind die Anforderungen an die Aktuatoren für beide Lokomotionssysteme gleich. Auch das resultierende Lokomotionsverhalten der Bewegungssysteme ist, wie in Abb. 6.23 b gezeigt, äquivalent. Die Fortbewegung beider Lokomotionssysteme basiert auf wiederholten Kippbewegungen des Systems. Dieses Fortbewegungsprinzip ist in Abb. 6.23 c durch die Darstellung verschiedener Zustände während der Lokomotion veranschaulicht. Der Vergleich in Abb. 6.23 zeigt, dass statt einer Konfigurationskontrolle von Tensegrity Strukturen mit einer stabilen Gleichgewichtskonfiguration die Kontrolle der aktuellen Gleichgewichtskonfiguration von multistabilen Tensegrity Strukturen zu einer äquivalenten Fortbewegung führt. Demnach scheint die Nutzung multistabiler Tensegrity Strukturen eine Reduzierung der notwendigen Aktuatoranzahl zur Realisierung einer zuverlässigen schreitenden Lokomotion zu ermöglichen.

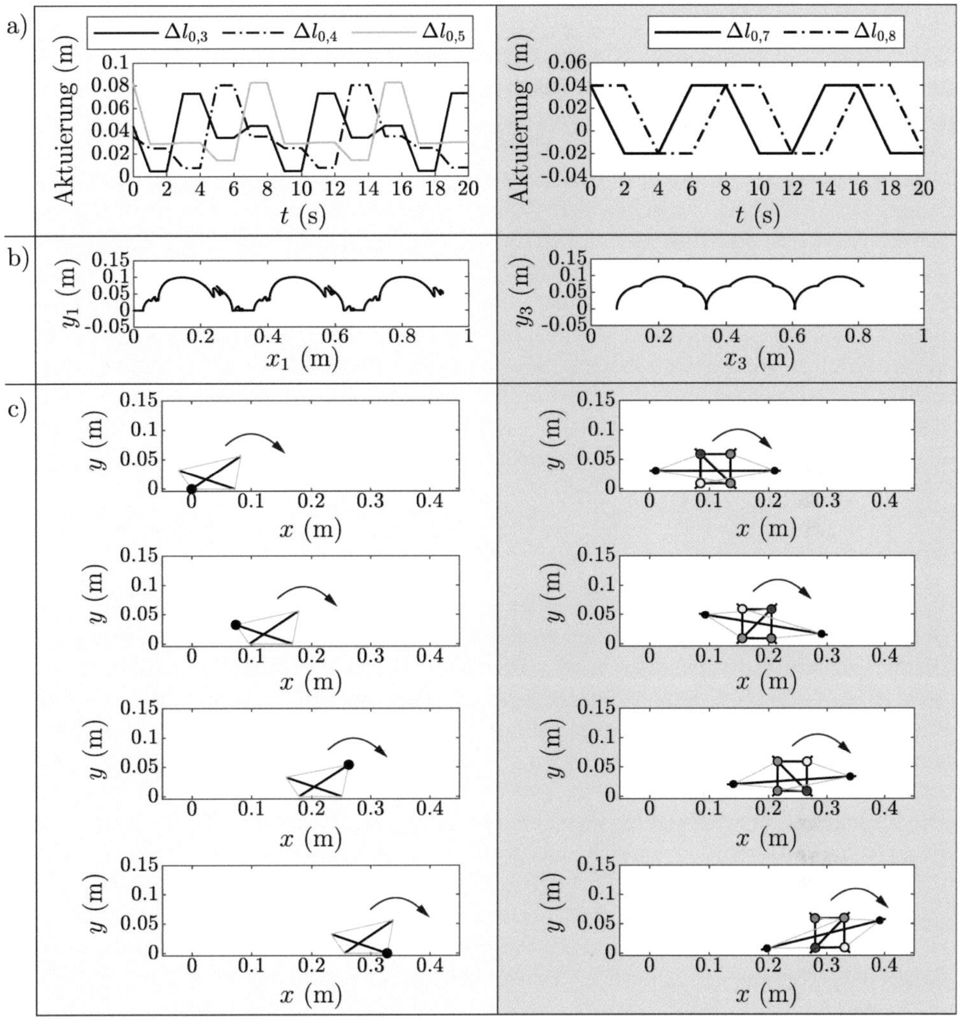

Abbildung 6.23: Vergleich der schreitenden Lokomotion einer Tensegrity Struktur mit einer stabilen Konfigurationen (links) mit der schreitenden Lokomotion einer multistabilen Tensegrity Struktur (rechts) – a) Aktuierungsstrategien, b) Trajektorie eines Kontenpunktes, c) verschiedene Zustände bei der schreitenden Lokomotion (zeitliche Reihenfolge von oben nach unten).

Kriechende Lokomotion

Der wesentliche Vorteil von Tensegrity Strukturen für die Realisierung einer kriechenden/ vibrationsbasierten Fortbewegung ist die Anpassung der dynamischen Eigenschaften sowie des Lokomotionsverhaltens durch Variation des Vorspannungszustandes. Dieser Effekt kann sowohl in konventionellen als auch in multistabilen Tensegrity Strukturen vorteilhaft genutzt werden. Multistabile Tensegrity Strukturen können über Gleichgewichtslagen mit unterschiedlichen Vorspannungszuständen verfügen. Diese verschiedenen Konfigurationen verfügen über unterschiedlichen dynamischen Eigenschaften (z. B. Eigenfrequenzen, Eigenmoden, etc.). Dadurch ermöglichen derartige Strukturen zusätzlich eine diskrete Anpassung des Lokomotionsverhaltens durch einen Konfigurationswechsel zwischen den stabilen Gleichgewichtslagen. Die daraus resultierende Anzahl an Einflussgrößen zur Variation des dynamischen Verhaltens (Aktuierung, Vorspannungszustand, Gleichgewichtskonfiguration, etc.) erlaubt eine vielfältige Anpassung des Lokomotionsverhaltens der kriechenden Fortbewegung an sich ändernde Umgebungsbedingungen. Dieser Sachverhalt wurde im Rahmen dieser Arbeit nicht weiter verfolgt, wird jedoch in [Sch+17; Sch+18a; Sch+18b; Sch+18c] gezeigt. Zuletzt ist die Nutzung von symmetrischen multistabilen Tensegrity Strukturen als Vorteil zu nennen. Hierdurch ist bei isotropen Umgebungseigenschaften eine einfache Richtungssteuerung möglich. Dieser Ansatz wurde durch Simulationen sowie im Experiment bestätigt.

Springende Lokomotion

Aus dem Stand der Technik ist lediglich eine springende Tensegrity Struktur bekannt [Kim+16]. Hierbei wird die Fortbewegung jedoch durch ein zusätzliches Triebwerk realisiert. Die Tensegrity Struktur wird ausschließlich zur Schockabsorption beim Aufprall genutzt. In dieser Arbeit wurde eine springende Lokomotion basierend auf einer multistabilen Tensegrity Struktur vorgestellt. Vergleichbare Betrachtungen sind in [SZB20] dargestellt.

Die springende Fortbewegung des Lokomotionssystems basiert auf der freigesetzten Energie beim Wechsel in eine Konfiguration mit niedrigerem Energieniveau. Dieser Effekt ist prinzipiell auch bei Tensegrity Strukturen mit einer stabilen Konfiguration möglich. In Abb. 6.24 ist die Formänderungsenergie des Prototyps für die unterschiedlichen Gleichgewichtskonfigurationen sowie für unterschiedliche Vorspannungszustände dargestellt. Hieraus wird deutlich, dass durch eine Variation der Vorspannung die Formänderungsenergie Π der Tensegrity Struktur beeinflusst werden kann.
Diese Ergebnisse zeigen, dass auch ohne einen Wechsel der Gleichgewichtskonfiguration entsprechende Energiedifferenzen realisiert werden können. Hierzu ist ein abrupter Wechsel des Vorspannungszustandes innerhalb des Existenzbereiches der aktuellen Gleichgewichtskonfiguration notwendig, um ein Abheben des Lokomotionssystems zu realisieren. Dieser Ansatz wird in [Sch+19b; SZB20] betrachtet. Numerische Simulationen zeigen jedoch keine springende Fortbewegung der Struktur für entsprechende Aktuierungsstrategien. Stattdessen wird die freigesetzte Energie in hochfrequente Oszillationen des Lokomotionssystems umgesetzt. In Abb. 6.25 sind entsprechende Simulationsergebnisse exemplarisch dargestellt.
Dementsprechend basiert die springende Fortbewegung nicht nur auf der Energiedifferenz zwischen den angesteuerten Konfigurationen. Die Bewegung des inneren starren Rahmens des betrachteten Prototyps infolge des Konfigurationswechsels ist ebenso von

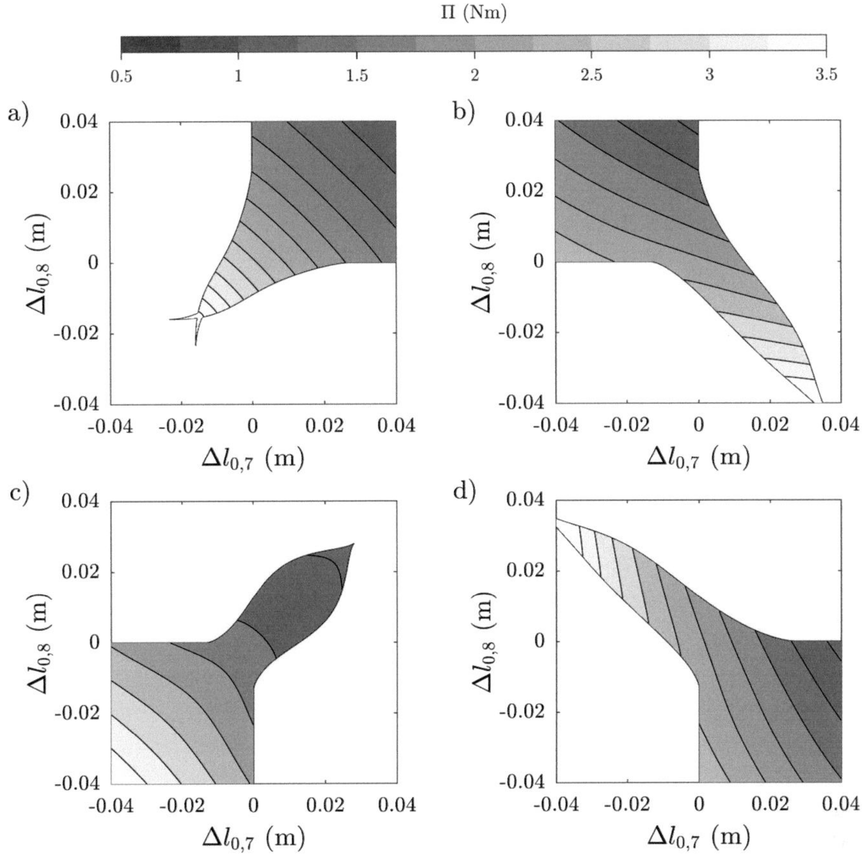

Abbildung 6.24: Formänderungsenergie der Tensegrity Struktur in Abhängigkeit des Vorspannungszustandes – a) Konfiguration 1, b) Konfiguration 3, c) Konfiguration 5, d) Konfiguration 7.

essentieller Bedeutung für die Fortbewegung. Basierend auf diesen Ergebnissen scheint die Realisierung einer springenden Fortbewegung durch Nutzung von Tensegrity Strukturen mit einer stabilen Gleichgewichtskonfiguration nicht möglich. Die springende Lokomotion auf Basis von multistabilen Tensegrity Strukturen konnte hingegen in Simulationen gezeigt und in Experimenten verifiziert werden. Beim Vergleich des entwickelten Lokomotionssystems mit existieren springenden Bewegungssystemen werden die Vorteile der diskutierten Aktuierungsstrategie deutlich. Dieser Ansatz erlaubt die Realisierung von Sprüngen ohne hochdynamische Aktuatoren. Die Ansteuerung eines definierten Zustandes zur Initialisierung eines entsprechenden Konfigurationswechsels ist hierzu ausreichend. Diese Aktuierung kann mit gewöhnlichen Gleichstrommotoren realisiert werden.

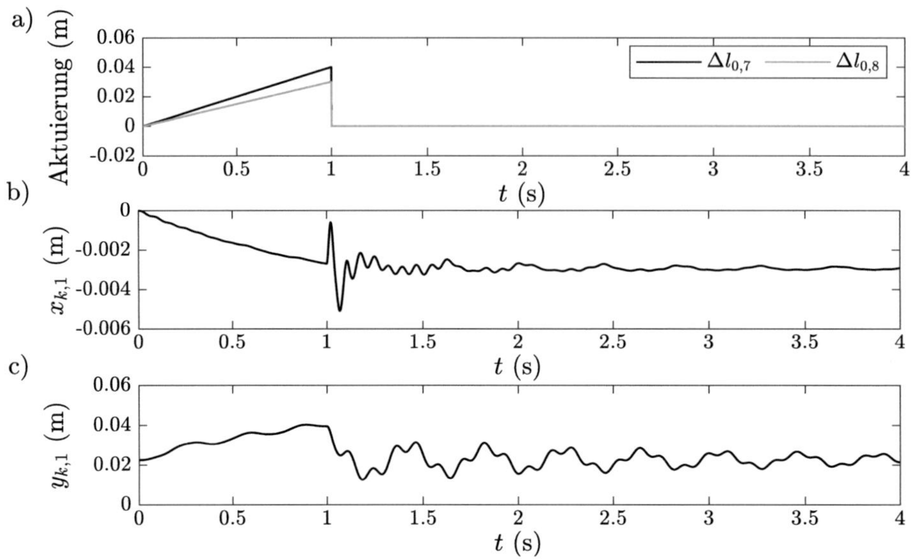

Abbildung 6.25: Simulation des Bewegungsverhaltens des Lokomotionssystems bei Realisierung einer Energiedifferenz durch Variation der Vorspannung ohne Konfigurationswechsel – a) Aktuierungsstrategie, b) $x_{k,1}$-Komponente des Lokomotionssystems, c) $y_{k,1}$-Komponente des Lokomotionssystems.

6.3.2 Multimodale Lokomotion

Ein essentieller Vorteil des entwickelten Lokomotionssystems ist, dass in Abhängigkeit von den angesteuerten Gleichgewichtskonfigurationen der multistabilen Tensegrity Struktur unterschiedliche Bewegungsmoden (Schreiten, Kriechen und Springen) realisiert werden können. Allgemein sind alle bekannten Lokomotionsprinzipien physikalisch hinsichtlich der Umgebungseigenschaften limitiert. Ein radgetriebenes Bewegungssystem kann beispielsweise kaum Hindernisse überwinden, welche höher als der Radius der Räder sind. Dementsprechend sind ebenfalls die erreichbaren Regionen des Bewegungssystems eingeschränkt. Das hier entwickelte Lokomotionssystem ermöglicht einen Wechsel des Lokomotionsprinzips in Abhängigkeit von den gegebenen Umweltbedingungen. Dieser Ansatz wird als multimodale Fortbewegung bezeichnet. Dementsprechend ist infolge der Anpassung der Fortbewegungsart eine Erweiterung des Bewegungsbereiches möglich. Weiterhin ist eine Steigerung der Effizienz möglich, indem in Abhängigkeit von der Umgebung das passende Lokomotionsprinzip gewählt wird.

Zur Veranschaulichung des Potentials der multimodalen Fortbewegung wird die in Abb. 6.26 dargestellte Umgebung exemplarisch betrachtet. Der erste Bereich dieser Umgebung wird durch einen horizontalen Untergrund beschrieben. Zur Realisierung einer Fortbewegung in positive x-Richtung sind alle Bewegungsmoden denkbar. Hierfür wird beispielhaft die kriechende Lokomotion gewählt (Abb. 6.26 a). Ein Überqueren der Stufe von 40 mm Höhe ist jedoch unter Nutzung der kriechenden Fortbewegung nicht möglich. An dieser Stelle ist ein Wechsel des Lokomotionsprinzips notwendig. Zum Passieren der Stufe wird die springende Lokomotion genutzt (Abb. 6.26 b). Im zweiten Bereich der betrachteten Umgebung liegt wieder ein horizontaler Untergrund. Für die Fortbewegung des Lokomotionsprinzip wird nun die schreitende Lokomotion genutzt (Abb. 6.26 c). Diese Simulationsergebnisse zeigen, dass durch Kombination der kriechenden, der springenden sowie der schreitenden Lokomotion die betrachtete Umgebung durchquert werden kann. Ein kriechendes Bewegungssystem oder ein schreitenden Bewegungssystem wären nicht in der Lage die Stufe zu passieren. Für ein springendes Lokomotionssystem wäre ein Durchqueren dieser Umgebung denkbar. Diese Fortbewegung erscheint jedoch nicht effizient.

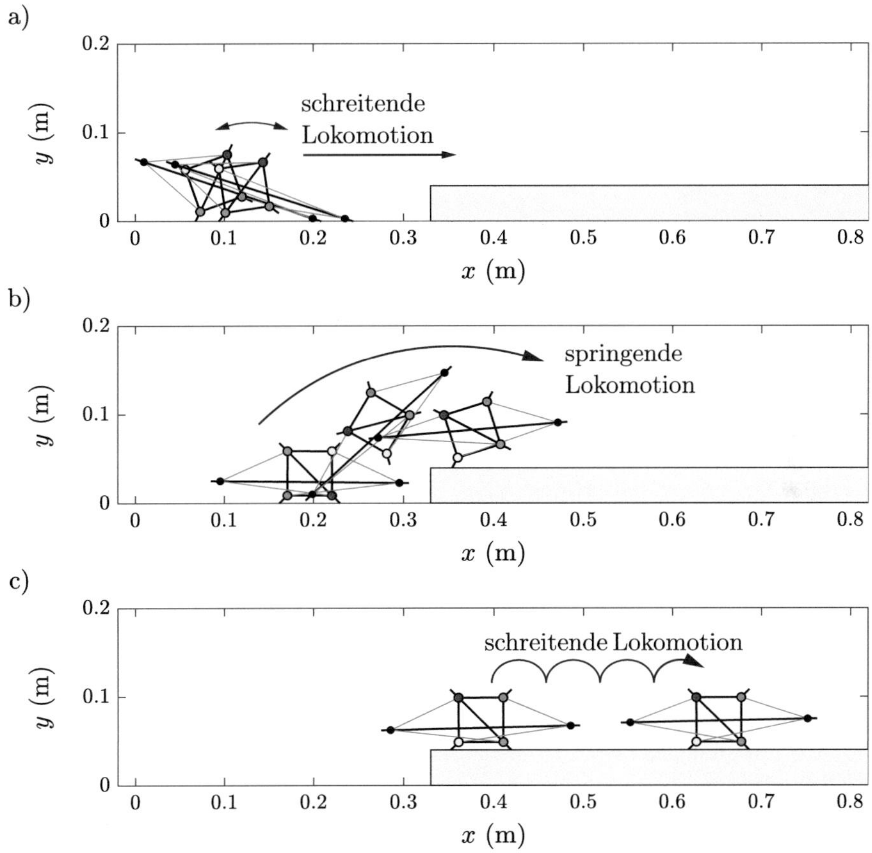

Abbildung 6.26: Simulation der multimodalen Fortbewegung des Lokomotionssystems – a) kriechende Lokomotion zur Fortbewegung auf ebenem Untergrund, b) springende Lokomotion zur Überwindung der Stufe (Höhe 40 mm), c) schreitende Lokomotion zur Fortbewegung auf ebenem Untergrund.

Die multimodale Fortbewegung wurde ebenfalls experimentell für die betrachtete Umgebung getestet. Auch im Experiment konnte die Tensegrity Struktur die Umgebung durchqueren. Verschiedene Zustände dieser Fortbewegung sind in Abb. 6.27 dargestellt.

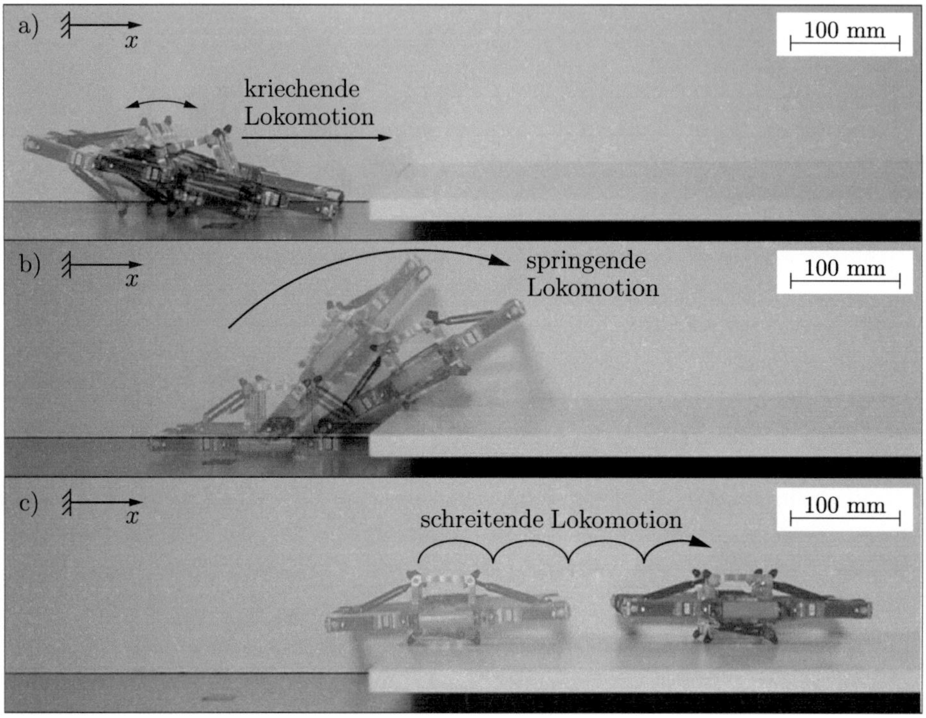

Abbildung 6.27: Multimodale Fortbewegung des Prototyps – a) kriechende Lokomotion, b) springende Lokomotion, c) schreitende Lokomotion.

Diese Ergebnisse zeigen, dass die gegebene Umgebung auch im Experiment durchquert werden kann. Hierbei werden alle Lokomotionsarten genutzt. Das Bewegungsverhalten des Systems bestätigt die Simulationsergebnisse qualitativ. Diese Untersuchung verifiziert die Funktionsweise des multimodalen Lokomotionssystems auf Basis der multistabilen Tensegrity Struktur. Für eine Auswahl des passenden Lokomotionsprinzips in Abhängigkeit von den gegebenen Umgebungsbedingungen sind weiterführende Untersuchungen notwendig.

6.4 Zusammenfassung

In diesem Kapitel wurde die Nutzung einer multistabilen Tensegrity Struktur als Lokomotionssystem betrachtet. Hierzu wurde das mechanische Modell der Tensegrity Struktur durch die Umwelteinflüsse wie Gravitation, Reibung und Kontakte erweitert. Als

Umgebung wurde ein horizontaler Untergrund vorausgesetzt. Dementsprechend wird das Lokomotionssystem durch die multistabile Tensegrity Struktur unter Berücksichtigung von Umwelteinflüssen beschrieben. In Simulationen wurden verschiedene Aktuierungsstrategien hinsichtlich der angesteuerten Gleichgewichtslagen untersucht und die resultierende Fortbewegung des Lokomotionssystems ausgewertet. Ein zyklischer Wechsel zwischen den benachbarten Gleichgewichtskonfigurationen führt zu wiederholten Kippsequenzen. Die daraus resultierende Fortbewegung wurde als *schreitende Lokomotion* bezeichnet. Eine Richtungsumkehr der Fortbewegung kann durch eine Invertierung der angesteuerten Konfigurationen realisiert werden. Diese Fortbewegung sowie deren charakteristische Eigenschaften konnten experimentell unter Nutzung des entwickelten Prototyps bestätigt werden.
Ein periodischer Wechsel zwischen benachbarten Gleichgewichtslagen führt zu einer vibrationsbasierten Lokomotion. Durch Variation der Vorspannung der nachgiebigen Tensegrity Struktur kann der für diese Fortbewegung relevante Frequenzbereich angepasst werden. Für den entwickelten Prototyp wurde ein effektiver Frequenzbereich von 0 - 10 Hz abgeschätzt und die dazugehörige Fortbewegung als *kriechende Lokomotion* bezeichnet. Ein wesentlicher Vorteil des Lokomotionssystems ist die gegebene Symmetrie. Hierdurch ist eine einfache Richtungskontrolle der kriechenden Fortbewegung durch Nutzung von symmetrischen Zuständen möglich. Die kriechende Fortbewegung sowie die diskutierte Richtungskontrolle der Fortbewegung konnten experimentell verifiziert werden.
Zuletzt wurde ein Konfigurationswechsel zwischen stabilen Gleichgewichtskonfigurationen der Tensegrity Struktur, die in der entsprechenden Aktuatorkarte nicht benachbart sind, betrachtet. Diese Aktuierungsstrategie führt zu einer *springenden Lokomotion* des Systems. Diese Fortbewegungsart ermöglicht ein Überqueren von Lücken im Untergrund sowie ein Überwinden von Hindernissen oder Stufen. Dieser Sachverhalt wurde im Experiment beispielhaft überprüft und verifiziert.

Der direkte Vergleich mit Bewegungssystemen, die auf Tensegrity Strukturen mit einer stabilen Gleichgewichtskonfiguration basieren, verdeutlicht zusammenfassend das vorteilhafte Verhalten des entwickelten Prototyps:

- **Schreitende Fortbewegung:** Dieses Lokomotionsprinzip ist ebenfalls durch die Nutzung von Tensegrity Strukturen mit einer stabilen Konfiguration möglich. Der Aktuierungsaufwand kann durch die Nutzung von multistabilen Tensegrity Strukturen reduziert werden.

- **Kriechende Fortbewegung:** Dieses Lokomotionsprinzip ist ebenfalls durch die Nutzung von Tensegrity Strukturen mit einer stabilen Konfiguration möglich. Der Prototyp basiert auf einer multistabilen Tensegrity Struktur und ermöglicht dadurch zusätzliche Ansätze zur Variation der Lokomotionscharakteristik. Insbesondere die Ausnutzung von Symmetrie in Kombination mit der Multistabilität ist als Vorteil gegenüber Tensegrity Strukturen mit einer stabilen Gleichgewichtslage zu nennen.

- **Springende Fortbewegung:** Dieser Lokomotionsprinzip ist unter Nutzung von Tensegrity Strukturen mit einer stabilen Konfiguration nicht bekannt. Diese Fortbewegung stellt ein immenses Potential dar, da Lücken und Hindernisse überwunden werden können, an denen die bisherigen Lokomotionsarten scheiterten.

Abschließend wurde die Kombination der unterschiedlichen Lokomotionsarten zur Realisierung einer multimodalen Fortbewegung betrachtet. Das Durchqueren einer beispielhaften Umgebungen unter Nutzung der verschiedenen Lokomotionsprinzipien wurde anhand von Simulationsergebnissen sowie im Experiment bestätigt.

Kapitel **7**

ZUSAMMENFASSUNG UND AUSBLICK

7.1 Zusammenfassung

Diese Arbeit beschreibt die Nutzung von multistabilen Tensegrity Strukturen für die Anwendung als Lokomotionssysteme in der mobilen Robotik. Hierbei werden diese Strukturen unter dem mechanischen Aspekt untersucht. Nach einer Recherche wurde diese Arbeit in Kapitel 2 in den Stand der Technik eingeordnet.

Eine Definition von Tensegrity Strukturen sowie ein dazugehöriges mechanisches Modell wurde in Kapitel 3 erarbeitet. Hierbei wurden verschiedene Ansätze zur Modellierung der einzelnen Segmente vorgestellt. In Abhängigkeit vom Verformungspotential der Strukturen wurde in dieser Arbeit zwischen konventionellen und nachgiebigen Tensegrity Strukturen unterschieden. Das Hauptaugenmerk lag hier auf Tensegrity Strukturen mit ausgeprägter Nachgiebigkeit für eine Anwendung im Bereich *Soft Robotics*. Zur Beschreibung der dynamischen Eigenschaften von Tensegrity Strukturen wurden die Bewegungsdifferentialgleichungen unter Nutzung der Analytischen Mechanik abgeleitet und im Weiteren für statische Betrachtungen vereinfacht. Anschließend konnten die Gleichgewichtskonfigurationen der Tensegrity Struktur basierend auf einem nichtlinearen Gleichungssystem bestimmt werden. Ebenfalls wurde die Stabilität der Gleichgewichtslagen berücksichtigt. Wenn die Struktur über mehrere stabile Gleichgewichtslagen verfügen, wurde diese als multistabil klassifiziert.

Kapitel 4 dieser Arbeit ist den multistabilen Tensegrity Strukturen gewidmet. Hierzu wurden zwei Ansätze zur gezielten Auslegung derartiger Strukturen mit mehreren stabilen Gleichgewichtskonfigurationen vorgestellt. Diese basieren auf der Symmetrie und der Periodizität hinsichtlich der Topologie der Tensegrity Struktur. Für beide Ansätze ist die Anzahl der möglichen stabilen Gleichgewichtslagen jedoch beschränkt. Zur Nutzung der unterschiedlichen Gleichgewichtskonfigurationen ist eine Aktuierung notwendig um einen zuverlässigen Konfigurationswechsel zu realisieren. Zur Ableitung einer Aktuierungsstrategie wurden ebenfalls zwei Ansätze präsentiert. Unter Nutzung der Bifurkationstheorie ist die Definition von Parameterbereichen der Aktuatorgrößen möglich, in denen die verschiedenen Gleichgewichtslagen existieren. Außerdem ist die Ableitung von monostabilen Parameterbereichen möglich, in denen lediglich eine stabile Gleichgewichtskonfiguration existiert. Demnach kann ein Konfigurationswechsel durch ein Verlassen des Existenzbereiches initialisiert werden. Der Eintritt in monostabile Parameterbereiche garantiert das Auftreten der entsprechenden Konfigurationen. Die Kombination dieser Erkenntnisse ermöglicht die Ableitung einer einfachen jedoch zuverlässigen Aktuierungsstrategie zum kontrollierten Wechsel zwischen den stabilen Konfigurationen. Weiterhin wurde eine Aktuierungsstrategie basierend auf der Nutzung der Strukturdynamik dargestellt. Durch geeignete Variation der Vorspannung und Nutzung transienter strukturdynamischer Effekte ist ebenso ein Konfigurationswechsel möglich.

In Kapitel 5 wurde ein Prototyp zur Verifizierung der theoretischen Erkenntnisse vorgestellt. Der mobile Roboter basiert auf der Topologie einer zweidimensionalen Tensegrity Struktur mit 4 stabilen Konfigurationen und verfügt über 2 aktuierte Zugsegmente. Die Zugsegmente wurden aufgrund der großen Formänderung bei Konfigurationswechseln durch Elastomere mit hyperelastischen Materialverhalten realisiert. Die Aktuierung wird durch eine Variation der ungedehnten Länge der Zugsegmente realisiert. Hierzu sind diese über ein zugstarres, biegeschlaffes Seil mit einem Gleichstrommotor verbunden. Anschließende Experimente bestätigten das Auftreten von 4 verschiedenen Gleichgewichtskonfigurationen sowie die Existenz der dazugehörigen monostabilen Parameterbereiche. Die Messdaten stimmen qualitativ und quantitativ mit den theoretischen Ergebnissen überein.

In Kapitel 6 wurde schließlich die Nutzung von multistabilen Tensegrity Strukturen als Lokomotionssysteme angestrebt. Hierzu wurde das mechanische Modell der Tensegrity Struktur durch Umwelteinflüsse erweitert. Anschließend wurden verschiedene Strategien hinsichtlich der angesteuerten Gleichgewichtslagen simuliert und die resultierende Fortbewegung des Lokomtionssystems ausgewertet und klassifiziert. Ein zyklischer Wechsel zwischen den benachbarten Gleichgewichtskonfigurationen führt zu einer *schreitenden Lokomotion*. Ein periodischer Wechsel zwischen benachbarten Gleichgewichtslagen erlaubt eine *kriechenden Lokomotion*. Ein Konfigurationswechsel zwischen nicht-benachbarten stabilen Gleichgewichtskonfigurationen der multistabilen Tensegrity Struktur führt zu einer *springenden Lokomotion*. Der direkte Vergleich mit den Bewegungssystemen, die auf Tensegrity Strukturen mit einer stabilen Gleichgewichtskonfiguration basieren, verdeutlicht das vorteilhafte Verhalten des entwickelten Prototyps.

Insgesamt stellt diese Arbeit die vorteilhaften Eigenschaften von multistabilen Tensegrity Strukturen heraus und motiviert zu weiteren Forschungsarbeiten. Insbesondere die mobile Robotik ist als potentielles Anwendungsgebiet zu betrachten. Diese Arbeit zeigt diverse Ansätze zur Auslegung und Kontrolle von multistabilen Tensegrity Strukturen und kann als ein Ansatz zur gezielten Nutzung von multistabilen Tensegrity Strukturen in der mobilen Robotik verstanden werden.

7.2 Ausblick

Die Ergebnisse dieser Arbeit zeigen die vorteilhaften Eigenschaften von multistabilen Tensegrity Strukturen auf. Hierbei wird lediglich die Anwendung derartiger Strukturen als Basis für Lokomotionssysteme in der mobilen Robotik betrachtet. Die Vorteile multistabiler Tensegrity Strukturen motivieren aber ebenfalls deren Einsatz in anderen Anwendungsbereichen. Nachfolgend wird ein Ausblick hinsichtlich weiterer Untersuchungsansätze für zukünftige Forschungsarbeiten gegeben.

Der Einsatz von multistabilen Tensegrity Strukturen in der Mechanismentechnik bietet ein großes Potential. Durch die unterschiedlichen Gleichgewichtskonfigurationen ist eine Rekonfiguration des Mechanismus möglich. Durch einen Wechsel der Gleichgewichtskonfiguration ändern sich die mechanischen Eigenschaften, insbesondere das Übertragungsverhalten, des Mechanismus. Dementsprechend können die verschiedenen Konfigurationen mit unterschiedlichen Funktionen korrespondieren. Unterschiedliche Bewegungsmuster können von einem Mechanismus ohne zusätzliche Aktuatoren realisiert werden. Dieser Idee ist in Abb. 7.1 prinzipiell dargestellt. Hierfür wird eine multistabile Tensegrity Struktur mit zwei stabilen Gleichgewichtslagen betrachtet. An zwei Knotenpunkten der Struktur wird eine Plattform gekoppelt. Die Aktuierung des Mechanismus erfolgt über die paarweise Ansteuerung der zwei gelagerten Knotenpunkte durch einen Aktuator. Für die stabile Gleichgewichtslage aus Abb. 7.1 a resultiert eine Parallelverschiebung der Plattform. Für die in Abb. 7.1 b dargestellte Konfiguration resultiert eine Verschiebung und eine Verdrehung der Plattform bei identischer Aktuierung. Weiterhin ist die Realisierung eines Überlastschutzes auf Basis der Multistabilität möglich. Eine ungeeignete Belastung des Mechanismus führt demnach zu einem Konfigurationswechsel der Tensegrity Struktur, sodass Schäden vermieden werden können.

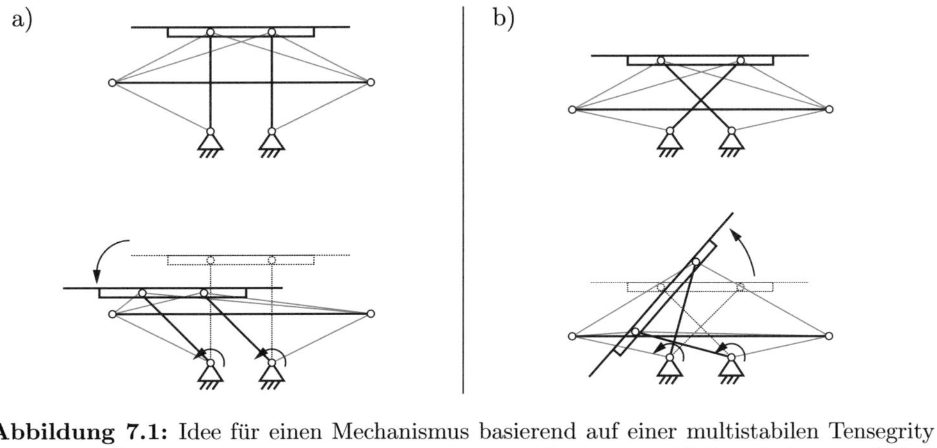

Abbildung 7.1: Idee für einen Mechanismus basierend auf einer multistabilen Tensegrity Struktur – a) Parallelverschiebung der Plattform bei Aktuierung, b) Verschiebung und Verdrehung der Plattform bei Aktuierung in der zweiten stabilen Gleichgewichtskonfiguration.

Auch die Greifertechnik stellt einen weiteren Anwendungsbereich dar. In [Sum18] wurden bereits verschiedene Ansätze zur Realisierung von nachgiebigen Greifern auf Basis multistabiler Tensegrity Strukturen gezeigt. Hierbei korrespondiert eine stabile Konfiguration mit dem geschlossenen Zustand des Greifers. Der geöffnete Zustand wird durch eine weitere stabile Lage definiert. Eine Erweiterung dieser Betrachtungen durch die Einbeziehung multistabiler Tensegrity Strukturen mit zusätzlichen stabilen Konfigurationen könnten unterschiedliche Greifprozesse mit verschiedenen Greifcharakteristiken hinsichtlich Greifkraft etc. realisiert werden.

LITERATURVERZEICHNIS

[Abo+19] ABOURACHID, A.; BÖHMER, C.; WENGER, P.; CHABLAT, D.; CHEVALLEREAU, C.; FASQUELLE, B.; FURET, M. Modelling, design and control of a bird neck using tensegrity mechanisms. In: *IEEE International Conference on Robotics and Automation (ICRA) Worskhop on Tensegrity,* 2019.

[ASA18] AGOGINO, A. K.; SUNSPIRAL, V.; ATKINSON, D. Super Ball Botstructures for planetary landing and exploration. 2018.

[App96] APPLEWHITE, E. R. Buckminster Fuller On Priority Of Tensegrity: Excerpts from Fuller's Letter to Snelson. *International Journal of Space Structures.* 1996, Jg. 11, Nr. 1-2, S. 50–52. DOI: 10.1177/026635119601-209.

[Ars06] ARSENAULT, M. *Développement et analyse de mécanismes de tenségrité.* 2006. Dissertation. Universite Laval, Quebec.

[Ars19] ARSENAULT, M. Computation of the interference-free wrench feasible workspace of a 3-DoF translational tensegrity robot. In: *International Conference on Cable-Driven Parallel Robots.* 2019, S. 185–196. DOI: 10.1007/978-3-030-20751-9_16.

[AG08] ARSENAULT, M.; GOSSELIN, C. M. Kinematic and static analysis of a three-degree-of-freedom spatial modular tensegrity mechanism. *The International Journal of Robotics Research.* 2008, Jg. 27, Nr. 8, S. 951–966. DOI: 10.1177/0278364908091152.

[Bak05] BAKER, A. L. *Analysis of Three Degree of Freedom 6 X 6 Tensegrity Platform.* 2005. Dissertation. University of Florida.

[Bau87] BAUCH, H. *Intervallmathematik: Theorie und Anwendungen.* BG Teubner, 1987.

[Bau72] BAUMGARTE, J. Stabilization of constraints and integrals of motion in dynamical systems. *Computer methods in applied mechanics and engineering.* 1972, Jg. 1, Nr. 1, S. 1–16. DOI: 10.1016/0045-7825(72)90018-7.

[Bee06] BEELITZ, T. *Effiziente Methoden zum verifizierten Lösen von Optimierungsaufgaben und nichtlinearen Gleichungssystemen.* 2006. Dissertation. Universität Wuppertal.

[Bet13] BETTEN, J. *Finite Elemente für Ingenieure 1: Grundlagen, Matrixmethoden, Elastisches Kontinuum.* Springer-Verlag, 2013.

[Boe+17] BOEHLER, Q.; ABDELAZIZ, S.; VEDRINES, M.; POIGNET, P.; RENAUD, P. From modeling to control of a variable stiffness device based on a cable-driven tensegrity mechanism. *Mechanism and Machine Theory.* 2017, Jg. 107, S. 1–12. DOI: 10.1016/j.mechmachtheory.2016.09.015.

[Boe+15] BOEHLER, Q.; CHARPENTIER, I.; VEDRINES, M.; RENAUD, P. Definition and computation of tensegrity mechanism workspace. *Journal of Mechanisms and Robotics*. 2015, Jg. 7, Nr. 4, S. 044502. DOI: 10.1115/1.4029809.

[Böh16] BÖHM, V. *Mechanik von Tensegrity-Strukturen und ihre Anwendung in der mobilen Robotik*. 2016. Habilitation. Technische Universität Ilmenau.

[Böh+12] BÖHM, V.; JENTZSCH, A.; KAUFHOLD, T.; SCHNEIDER, F.; BECKER, F.; ZIMMERMANN, K. An approach to locomotion systems based on 3d tensegrity structures with a minimal number of struts. In: *ROBOTIK 2012; 7th German Conference on Robotics*. 2012, S. 1–6.

[Böh+11] BÖHM, V.; JENTZSCH, A.; KAUFHOLD, T.; SCHNEIDER, F.; ZIMMERMANN, K. An approach to compliant locomotion systems based on tensegrity structures. In: *56th International Scientific Colloquium, Ilmenau University of Technology*. 2011, S. 1–6.

[Böh+16] BÖHM, V.; KAUFHOLD, T.; SCHALE, F.; ZIMMERMANN, K. Spherical mobile robot based on a tensegrity structure with curved compressed members. In: *IEEE International Conference on Advanced Intelligent Mechatronics (AIM)*. 2016, S. 1509–1514. DOI: 10.1109/AIM.2016.7576984.

[Böh+17] BÖHM, V.; SUMI, S.; KAUFHOLD, T.; ZIMMERMANN, K. Compliant multistable tensegrity structures. *Mechanism and Machine Theory*. 2017, Jg. 115, S. 130–148.

[BZ13] BÖHM, V.; ZIMMERMANN, K. Vibration-driven mobile robots based on single actuated tensegrity structures. In: *IEEE International Conference on Robotics and Automation (ICRA)*. 2013, S. 5475–5480. DOI: 10.1109/ICRA.2013.6631362.

[Bru+14a] BRUCE, J.; CALUWAERTS, K.; ISCEN, A.; SABELHAUS, A. P.; SUNSPIRAL, V. Design and evolution of a modular tensegrity robot platform. In: *IEEE International Conference on Robotics and Automation (ICRA)*. 2014, S. 3483–3489. DOI: 10.1109/ICRA.2014.6907361.

[Bru+14b] BRUCE, J.; SABELHAUS, A. P.; CHEN, Y.; LU, D.; MORSE, K.; MILAM, S.; CALUWAERTS, K.; AGOGINO, A. M.; SUNSPIRAL, V. SUPERball: Exploring tensegrities for planetary probes. 2014.

[BAE06] BURGERMEISTER, B.; ARNOLD, M.; ESTERL, B. DAE time integration for real-time applications in multi-body dynamics. *ZAMM-Journal of Applied Mathematics and Mechanics/Zeitschrift für Angewandte Mathematik und Mechanik: Applied Mathematics and Mechanics*. 2006, Jg. 86, Nr. 10, S. 759–771. DOI: 10.1002/zamm.200610284.

[Cai+18] CAI, J.; WANG, X.; DENG, X.; FENG, J. Form-finding method for multimode tensegrity structures using extended force density method by grouping elements. *Composite Structures*. 2018, Jg. 187, S. 1–9. DOI: 10.1016/j.compstruct.2017.12.010.

[Cal78] CALLADINE, C. R. Buckminster Fuller's „tensegrity" structures and Clerk Maxwell's rules for the construction of stiff frames. *International journal of solids and structures*. 1978, Jg. 14, Nr. 2, S. 161–172. DOI: 10.1016/0020-7683(78)90052-5.

[Cal+13] CALUWAERTS, K.; D'HAENE, M.; VERSTRAETEN, D.; SCHRAUWEN, B. Locomotion without a brain: physical reservoir computing in tensegrity structures. 2013, Jg. 19, Nr. 1, S. 35–66. DOI: 10.1162/ARTL_a_00080.

[Car+19] CARILLO LI, E.; SCHORR, P.; KAUFHOLD, T.; HERNÁNDEZ RODRÍGUEZ, J.; ZENTNER, L.; ZIMMERMANN, K.; BÖHM, V. Kinematic analysis of the rolling locomotion of mobile robots based on tensegrity structures with spatially curved compressed components. In: *Proc. of the 15th Conference on Dynamical Systems-Theory and Applications (Applicable Solutions in Non-Linear Dynamical Systems)*. 2019, S. 335–344.

[CSF15] CARPENTIERI, G.; SKELTON, R. E.; FRATERNALI, F. Minimum mass and optimal complexity of planar tensegrity bridges. *International Journal of Space Structures*. 2015, Jg. 30, Nr. 3-4, S. 221–243. DOI: 10.1260/0266-3511.30.3-4.221.

[CW92] CONNELLY, R.; WHITELEY, W. The stability of tensegrity frameworks. *International Journal of Space Structures*. 1992, Jg. 7, Nr. 2, S. 153–163. DOI: 10.1177/026635119200700208.

[CW96] CONNELLY, R.; WHITELEY, W. Second-order rigidity and prestress stability for tensegrity frameworks. *SIAM Journal on Discrete Mathematics*. 1996, Jg. 9, Nr. 3, S. 453–491. DOI: 10.1137/S0895480192229236.

[Cra+08] CRANE, C. D.; BAYAT, J.; VIKAS, V.; ROBERTS, R. Kinematic analysis of a planar tensegrity mechanism with pre-stressed springs. In: *Advances in Robot Kinematics: analysis and design*. Springer, 2008, S. 419–427. DOI: 10.1007/978-1-4020-8600-7_44.

[Cro00] CROSS, M. *Lyapunov Exponents* [online]. 2000 [besucht am 2020-03-03]. http://www.cmp.caltech.edu/~mcc/Chaos_Course/Lesson7/Lyapunov.pdf.

[Emm59] EMMERICH, D. G. *Institut National de la Propriété Industrielle (Registration 59423)*. 1959.

[Emm64] EMMERICH, D. G., Construction de réseaux autotendants, Französisches Patent Nr. 1,377,290, 28. September 1964.

[Emm88] EMMERICH, D. G. *Structures tendues et autotendantes*. Ecole d'architecture de Paris la Villette, 1988. Monographies de géométrie constructive.

[Emm96] EMMERICH, D. G. Emmerich On Self-Tensioning Structures. *International Journal of Space Structures*. 1996, Jg. 11, Nr. 1-2, S. 29–36. DOI: 10.1177/026635119601-205.

[Fag09] FAGERSTRÖM, G. Dynamic relaxation of tensegrity structures. In: *Between Man and Machine: Proceedings of the 14th International Conference of Computer-Aided Architectural Design Research in Asia CAADRIA*. 2009, S. 553–562.

[Fas+19] FASQUELLE, B.; FURET, M.; CHEVALLEREAU, C.; WENGER, P. Dynamic modeling and control of a tensegrity manipulator mimicking a bird neck. In: *IFToMM World Congress on Mechanism and Machine Science*. 2019, S. 2087–2097. DOI: 10.1007/978-3-030-20131-9_207.

[Ful61] FULLER, R. B. Tensegrity. *Portfolio Artnews Annual*. 1961, Jg. 4, S. 112–127.

[Ful62] FULLER, R. B., Tensile-Integrity Structures, U.S. Patent Nr. 3,063,521, 13. November 1962.

[Ful82] FULLER, R. B. *Synergetics: explorations in the geometry of thinking*. Estate of R. Buckminster Fuller, 1982.

[FKL+99] FULLER, R. B.; KRAUSSE, J.; LICHTENSTEIN, C. et al. *Your private sky: R. Buckminster Fuller, the art of design science*. Estate of R. Buckminster Fuller, Lars Muller Publishers, 1999.

[Fur+18] FURET, M.; VAN RIESEN, A.; CHEVALLEREAU, C.; WENGER, P. Optimal design of tensegrity mechanisms used in a bird neck model. In: *European Conference on Mechanism Science*. 2018, S. 365–375. DOI: 10.1007/978-3-319-98020-1_43.

[GI07] GHOSH, K.; INGBER, D. E. Micromechanical control of cell and tissue development: implications for tissue engineering. *Advanced drug delivery reviews*. 2007, Jg. 59, Nr. 13, S. 1306–1318. DOI: 10.1016/j.addr.2007.08.014.

[Gom04] GOMEZ-JAUREGUI, V. *Tensegrity structures and their application to architecture*. September 2004. Masterarbeit. School of Architecture, Queen's University, Belfast.

[Gom09] GOMEZ-JAUREGUI, V. Controversial origins of tensegrity. In: *Symposium of the International Association for Shell and Spatial Structures (50th. 2009. Valencia). Evolution and Trends in Design, Analysis and Construction of Shell and Spatial Structures: Proceedings*. 2009, S. 1642–1652.

[GLS19] GONZÁLEZ, A.; LUO, A.; SHI, D. Reconfiguration of multi-stage tensegrity structures using infinitesimal mechanisms. *Latin American Journal of Solids and Structures*. 2019, Jg. 16, Nr. 3. DOI: 10.1590/1679-78255331.

[GHS13] GROSS, D.; HAUGER, W.; SCHRÖDER, J. *Technische Mechanik 1. Statik., 12. aktualisierte Auflage*. Berlin/Heidelberg: Springer, 2013.

[Ing98] INGBER, D. E. The architecture of life. *Scientific American*. 1998, Jg. 278, Nr. 1, S. 48–57.

[Ing93] INGBER, D. E. Cellular tensegrity: defining new rules of biological design that govern the cytoskeleton. *Journal of cell science*. 1993, Jg. 104, Nr. 3, S. 613–627.

[IJ85] INGBER, D. E.; JAMIESON, J. D. Cells as tensegrity structures: Architectural regulation of histodifferentiationby physical forces tranduced over basement membranes. 1985.

[Jah09] JAHN, M. *Ein Beispiel zur Entwicklung kooperierender mobiler Roboter*. 2009. Dissertation. Technische Universiät Ilmenau.

[JLL14] JI, Z.; LI, T.; LIN, M. Kinematics, singularity, and workspaces of a planar 4-bar tensegrity mechanism. *Journal of Robotics*. 2014, Jg. 2014. DOI: 10.1155/2014/967251.

[Joh92] JOHNSON, M. *The Mullins Effect in Rubber-like Materials*. University of Nebraska–Lincoln, 1992. https://books.google.de/books?id=IE-5tgAACAAJ.

[Kau17] KAUFHOLD, T. *Modellbildung, Simulation und Prototypenentwurf von mechanisch nachgiebigen, mobilen Robotern*. 2017. Dissertation. Technische Universität Ilmenau.

[Kau+17] KAUFHOLD, T.; SCHALE, F.; BÖHM, V.; ZIMMERMANN, K. Indoor locomotion experiments of a spherical mobile robot based on a tensegrity structure with curved compressed members. In: *2017 IEEE International Conference on Advanced Intelligent Mechatronics (AIM)*. 2017, S. 523–528. DOI: 10.1109/AIM.2017.8014070.

[KKM99] KEBICHE, K.; KAZI-AOUAL, M.; MOTRO, R. Geometrical non-linear analysis of tensegrity systems. *Engineering structures*. 1999, Jg. 21, Nr. 9, S. 864–876. DOI: 10.1016/S0141-0296(98)00014-5.

[Kim+14] KIM, K.; AGOGINO, A. K.; MOON, D.; TANEJA, L.; TOGHYAN, A.; DEHGHANI, B.; SUNSPIRAL, V.; AGOGINO, A. M. *2014 IEEE International Conference on Robotics and Biomimetics (ROBIO 2014)*. Rapid prototyping design and control of tensegrity soft robot for locomotion. 2014. DOI: 10.1109/ROBIO.2014.7090299.

[Kim+16] KIM, K.; CHEN, L.-H.; CERA, B.; DALY, M.; ZHU, E.; DESPOIS, J.; AGOGINO, A. K.; SUNSPIRAL, V.; AGOGINO, A. M. Hopping and rolling locomotion with spherical tensegrity robots. In: *2016 IEEE/RSJ International Conference on Intelligent Robots and Systems (IROS)*. 2016, S. 4369–4376. DOI: 10.1109/IROS.2016.7759643.

[KJ04] KO, F. K.; JOVICIC, J. Modeling of mechanical properties and structural design of spider web. *Biomacromolecules*. 2004, Jg. 5, Nr. 3, S. 780–785. DOI: 10.1021/bm0345099.

[KSH12] KOIZUMI, Y.; SHIBATA, M.; HIRAI, S. Rolling tensegrity driven by pneumatic soft actuators. In: *IEEE International Conference on Robotics and Automation (ICRA)*. 2012, S. 1988–1993. DOI: 10.1109/ICRA.2012.6224834.

[Kos12] KOSCHIG, R. *Das Optimierungsverfahren mit Lagrange-Multiplikatoren* [online]. 2012 [besucht am 2020-02-27]. http://massmatics.de/de/files/2012/09/Lagrangeoptimierung-v1.0.pdf.

[Lev81] LEVIN, S. The icosahedron as a biologic support system. In: *34th Annual conference Alliance for engineering in medicine & biology*. 1981, Bd. 404.

[Lie+10] LIEDL, T.; HÖGBERG, B.; TYTELL, J.; INGBER, D. E.; SHIH, W. M. Self-assembly of three-dimensional prestressed tensegrity structures from DNA. *Nature nanotechnology*. 2010, Jg. 5, Nr. 7, S. 520–524. DOI: 10.1038/nnano.2010.107.

[MPS76] MAGNUS, K.; POPP, K.; SEXTRO, W. *Schwingungen*. Springer, 1976.

[Mah11] MAHNKEN, R. *Lehrbuch der technischen Mechanik-Dynamik: eine anschauliche Einführung*. Springer-Verlag, 2011.

[Mai07] MAINA, J. Spectacularly robust! Tensegrity principle explains the mechanical strength of the avian lung. *Respiratory physiology & neurobiology*. 2007, Jg. 155, Nr. 1, S. 1–10. DOI: 10.1016/j.resp.2006.05.005.

[MI10] MAMMOTO, T.; INGBER, D. E. Mechanical control of tissue and organ development. *Development*. 2010, Jg. 137, Nr. 9, S. 1407–1420. DOI: 10.1242/dev.024166.

[MV10] MARX, B.; VOGT, W. *Dynamische Systeme: Theorie und Numerik*. Springer-Verlag, 2010.

[MSG05] MASIC, M.; SKELTON, R. E.; GILL, P. E. Algebraic tensegrity form-finding. *International Journal of Solids and Structures*. 2005, Jg. 42, Nr. 16-17, S. 4833–4858. DOI: 10.1016/j.ijsolstr.2005.01.014.

[Mic13] MICHELETTI, A. Bistable regimes in an elastic tensegrity system. 2013, Jg. 469, Nr. 2154, S. 20130052. DOI: 10.1098/rspa.2013.0052.

[Mir+14] MIRLETZ, B. T.; PARK, I.-W.; FLEMONS, T. E.; AGOGINO, A. K.; QUINN, R. D.; SUNSPIRAL, V. Design and control of modular spine-like tensegrity structures. 2014.

[Mog+18] MOGHADDAS, M.; CHOONG, K. K.; KIM, J.-Y.; KANG, J.-W. Linear Form Finding Approach for Regular and Irregular Single Layer Prism Tensegrity. *International Journal of Steel Structures*. 2018, Jg. 18, Nr. 5, S. 1654–1665. DOI: 10.1007/s13296-018-0060-8.

[MA11] MOHR, C. A.; ARSENAULT, M. Kinematic analysis of a translational 3-DOF tensegrity mechanism. *Transactions of the Canadian Society for Mechanical Engineering*. 2011, Jg. 35, Nr. 4, S. 573–584. DOI: 10.1139/tcsme-2011-0035.

[MNJ87] MOTRO, R.; NAJARI, S.; JOUANNA, P. Static and dynamic analysis of tensegrity systems. In: *Shell and Spatial Structures: Computational Aspects*. Springer, 1987, S. 270–279. DOI: 10.1007/978-3-642-83015-0_24.

[Mot03] MOTRO, R. *Tensegrity: structural systems for the future*. Elsevier, 2003.

[MN00] MURAKAMI, H.; NISHIMURA, Y. Static and dynamic characterization of some tensegrity modules. *J. Appl. Mech.* 2000, Jg. 68, Nr. 1, S. 19–27. DOI: 10.1115/1.1331058.

[Mur01] MURAKAMI, H. Static and dynamic analyses of tensegrity structures. Part 1. Nonlinear equations of motion. *International Journal of Solids and Structures*. 2001, Jg. 38, Nr. 20, S. 3599–3613. DOI: 10.1016/S0020-7683(00)00232-8.

[MN01] MURAKAMI, H.; NISHIMURA, Y. Initial shape finding and modal analyses of cyclic right-cylindrical tensegrity modules. *Computers & Structures*. 2001, Jg. 79, Nr. 9, S. 891–917. DOI: 10.1016/S0045-7949(00)00196-6.

[OSC06] OLIVEIRA, M. C. de; SKELTON, R. E.; CHAN, W. Minimum mass design of tensegrity towers and plates. In: *Proceedings of the 45th IEEE Conference on Decision and Control*. 2006, S. 2314–2319. DOI: 10.1109/CDC.2006.377427.

[OW00] OPPENHEIM, I.; WILLIAMS, W. Geometric effects in an elastic tensegrity structure. *Journal of elasticity and the physical science of solids*. 2000, Jg. 59, Nr. 1-3, S. 51–65. DOI: 10.1023/A:1011092811824.

[OW97] OPPENHEIM, I. J.; WILLIAMS, W. O. Tensegrity prisms as adaptive structures. *ASME-PUBLICATIONS-AD*. 1997, Jg. 54, S. 113–120.

[OW01a] OPPENHEIM, I. J.; WILLIAMS, W. O. Vibration and damping in three-bar tensegrity structure. *Journal of Aerospace Engineering*. 2001, Jg. 14, Nr. 3, S. 85–91. DOI: 10.1061/(ASCE)0893-1321(2001)14:3(85).

[OW01b] OPPENHEIM, I. J.; WILLIAMS, W. O. Vibration of an elastic tensegrity structure. *European Journal of Mechanics-A/Solids*. 2001, Jg. 20, Nr. 6, S. 1023–1031. DOI: 10.1016/S0997-7538(01)01181-0.

[Ork+12] ORKI, O.; AYALI, A.; SHAI, O.; BEN-HANAN, U. Modeling of caterpillar crawl using novel tensegrity structures. *Bioinspiration & biomimetics*. 2012, Jg. 7, Nr. 4, S. 046006.

[Ork+11] ORKI, O.; SHAI, O.; AYALI, A.; BEN-HANAN, U. A model of caterpillar locomotion based on assur tensegrity structures. In: *ASME 2011 International Design Engineering Technical Conferences and Computers and Information in Engineering Conference*. 2011, S. 739–745. DOI: 10.1115/DETC2011-47708.

[Ork+10] ORKI, O.; SHAI, O.; TEHORI, I.; SLAVUTIN, M.; BEN-HANAN, U. Employing Assur Tensegrity Structures Methods for Simulating a Caterpillar Locomotion. In: *ASME 2010 International Design Engineering Technical Conferences and Computers and Information in Engineering Conference.* 2010, S. 101–106. DOI: 10.1115/DETC2010-28687.

[PVL06] PAUL, C.; VALERO-CUEVAS, F. J.; LIPSON, H. Design and control of tensegrity robots for locomotion. *IEEE Transactions on Robotics.* 2006, Jg. 22, Nr. 5, S. 944–957. DOI: 10.1109/TRO.2006.878980.

[PP68] PRZEMIENIECKI, J. S.; PRZEMIENIECKI. *Theory of matrix structural analysis.* McGraw-Hill New York, 1968.

[RM18] RIEFFEL, J.; MOURET, J.-B. Adaptive and resilient soft tensegrity robots. *Soft robotics.* 2018, Jg. 5, Nr. 3, S. 318–329. DOI: 10.1089/soro.2017.0066.

[Rie+07] RIEFFEL, J.; STUK, R.; VALERO-CUEVAS, F. J.; LIPSON, H. Locomotion of a tensegrity robot via dynamically coupled modules. In: *Proceedings of the International Conference on Morphological Computation.* 2007.

[RTL08] RIEFFEL, J.; TRIMMER, B.; LIPSON, H. Mechanism as Mind-What Tensegrities and Caterpillars Can Teach Us about Soft Robotics. In: *ALIFE.* 2008, S. 506–512.

[Rob77] ROBBIE, D. L. Tensional forces in the human body. *Orthopaedic Review.* 1977, Jg. 6, S. 45–48.

[RW81] ROTH, B.; WHITELEY, W. Tensegrity frameworks. *Transactions of the American Mathematical Society.* 1981, Jg. 265, Nr. 2, S. 419–446.

[Sab+15] SABELHAUS, A. P.; BRUCE, J.; CALUWAERTS, K.; MANOVI, P.; FIROOZI, R. F.; DOBI, S.; AGOGINO, A. M.; SUNSPIRAL, V. System design and locomotion of SUPERball, an untethered tensegrity robot. In: *2015 IEEE international conference on robotics and automation (ICRA).* 2015, S. 2867–2873. DOI: 10.1109/ICRA.2015.7139590.

[Sad96] SADAO, S. Fuller On Tensegrity. *International Journal of Space Structures.* 1996, Jg. 11, Nr. 1-2, S. 37–42. DOI: 10.1177/026635119601-206.

[Sca14] SCARR, G. *Biotensegrity.* Handspring Publishing, United Kingdom, 2014.

[SGH07] SCHENK, M.; GUEST, S.; HERDER, J. Zero stiffness tensegrity structures. *International Journal of Solids and Structures.* 2007, Jg. 44, Nr. 20, S. 6569–6583. DOI: 10.1016/j.ijsolstr.2007.02.041.

[SHG06] SCHENK, M.; HERDER, J. L.; GUEST, S. D. Design of a statically balanced tensegrity mechanism. In: *ASME 2006 International Design Engineering Technical Conferences and Computers and Information in Engineering Conference.* 2006, S. 501–511.

[Sch+19a] SCHORR, P.; BÖHM, V.; STÉPÁN, G.; ZENTNER, L.; ZIMMERMANN, K. Multi-Mode Motion System Based on a Multistable Tensegrity Structure. In: *IFToMM World Congress on Mechanism and Machine Science*. 2019, S. 3007–3016. DOI: `10.1007/978-3-030-20131-9_296`.

[Sch+18a] SCHORR, P.; BÖHM, V.; ZENTNER, L.; ZIMMERMANN, K. Motion characteristics of a vibration driven mobile tensegrity structure with multiple stable equilibrium states. *Journal of Sound and Vibration*. 2018, Jg. 437, S. 198–208. DOI: `10.1016/j.jsv.2018.09.019`.

[Sch+19b] SCHORR, P.; BÖHM, V.; ZENTNER, L.; ZIMMERMANN, K. Investigation of a tensegrity structure with multiple equilibrium configurations as jumping motion system. In: *Proc. of the 15th Conference on Dynamical Systems-Theory and Applications (Theoretical Approaches Non-Linear Dynamical Systems)*. 2019, S. 465–476.

[Sch+17] SCHORR, P.; SUMI, S.; BÖHM, V.; ZIMMERMANN, K. Dynamical investigation of a vibration driven locomotion system based on a multistable tensegrity structure. In: *Proc. of the 14th Conference on Dynamical Systems-Theory and Applications (Vibration, Control and Stability of Dynamical Systems). Łódź, Poland*. 2017, S. 485–496.

[Sch+18b] SCHORR, P.; BÖHM, V.; ZENTNER, L.; ZIMMERMANN, K. Design of a Vibration Driven Motion System Based on a Multistable Tensegrity Structure. In: *International Conference on Informatics in Control, Automation and Robotics*. 2018, S. 302–317. DOI: `10.1007/978-3-030-31993-9_14`.

[Sch+18c] SCHORR, P.; BÖHM, V.; ZENTNER, L.; ZIMMERMANN, K. Dynamical Investigation of Crawling Motion System based on a Multistable Tensegrity Structure. In: *ICINCO (2)*. 2018, S. 132–140.

[Sch+18d] SCHORR, P.; BÖHM, V.; ZIMMERMANN, K.; ZENTNER, L. An Approach to the Estimation of the Actuation Parameters for Mobile Tensegrity Robots with Tilting Movement Sequences. In: *2018 International Conference on Reconfigurable Mechanisms and Robots (ReMAR)*. 2018, S. 1–8. DOI: `10.1109/REMAR.2018.8449871`.

[Sch+19c] SCHORR, P.; KAUFHOLD, T.; SCHALE, F.; ZENTNER, L.; ZIMMERMANN, K.; BÖHM, V. Investigation of a Multistable Tensegrity Structure for the Use as Multi-Mode Motion System. In: *IEEE international conference on robotics and automation (ICRA) Workshop on Tensegrity*. 2019.

[Sch+20] SCHORR, P.; SCHALE, F.; OTTERBACH, J. M.; ZENTNER, L.; ZIMMERMANN, K.; BÖHM, V. Investigation of a Multistable Tensegrity Robot applied as Tilting Locomotion System. In: *2020 IEEE international conference on robotics and automation (ICRA)*. 2020. akzeptiert am 22.01.2020.

[SZB20] SCHORR, P.; ZIMMERMANN, K.; BÖHM, V. Jumping Locomotion System based on a Multistable Tensegrity Structure. *Mechanical Systems and Signal Processing.* 2020. eingereicht am 28.02.2020.

[SH10] SHIBATA, M.; HIRAI, S. Rolling locomotion of deformable tensegrity structure. In: *Mobile Robotics: Solutions and Challenges.* World Scientific, 2010, S. 479–486. DOI: `10.1142/9789814291279_0059`.

[SSH09] SHIBATA, M.; SAIJYO, F.; HIRAI, S. Crawling by body deformation of tensegrity structure robots. In: *2009 IEEE International Conference on Robotics and Automation.* 2009, S. 4375–4380. DOI: `10.1109/ROBOT.2009.5152752`.

[Ske+14] SKELTON, R.; FRATERNALI, F.; CARPENTIERI, G.; MICHELETTI, A. Minimum mass design of tensegrity bridges with parametric architecture and multiscale complexity. *Mechanics Research Communications.* 2014, Jg. 58, S. 124–132. DOI: `10.1016/j.mechrescom.2013.10.017`.

[Ske05] SKELTON, R. Dynamics and control of tensegrity systems. In: *IUTAM symposium on vibration control of nonlinear mechanisms and structures.* 2005, S. 309–318. DOI: `10.1007/1-4020-4161-6_28`.

[SO09] SKELTON, R. E.; OLIVEIRA, M. C. de. *Tensegrity Systems.* Springer, 2009.

[SPM01] SKELTON, R. E.; PINAUD, J. P.; MINGORI, D. L. Dynamics of the shell class of tensegrity structures. *Journal of the Franklin Institute.* 2001, Jg. 338, Nr. 2-3, S. 255–320. DOI: `10.1016/S0016-0032(00)00078-8`.

[SS97] SKELTON, R. T.; SULTAN, C. Controllable tensegrity: a new class of smart structures. In: *Smart Structures and Materials 1997: Mathematics and Control in Smart Structures.* 1997, Bd. 3039, S. 166–177. DOI: `10.1117/12.276535`.

[Sne65] SNELSON, K., Continuous Tension, Discontinuous Compression Structures, U.S. Patent Nr. 3,169,611, 16. Februar 1965.

[Sne96] SNELSON, K. Snelson On The Tensegrity Invention. *International Journal of Space Structures.* 1996, Jg. 11, Nr. 1-2, S. 43–48. DOI: `10.1177/026635119601-207`.

[Sne15] SNELSON, K. Tensegrity, Weaving and the Binary World [online]. 2015 [besucht am 2020-03-03]. `http://kennethsnelson.net/Tensegrity_and_Weaving.pdf`.

[SI09] STAMENOVIĆ, D.; INGBER, D. E. Tensegrity-guided self assembly: from molecules to living cells. *Soft Matter.* 2009, Jg. 5, Nr. 6, S. 1137–1145. DOI: `10.1039/b806442c`.

[SK89] STEEB, W.-H.; KUNICK, A. *Chaos in dynamischen Systemen.* BI Wissenschaftsverlag, 1989.

[Ste09] STEIGENBERGER, J. What the hell do they mean by 'locomotion'? 2009.

[SB12] STEIGENBERGER, J.; BEHN, C. *Worm-like locomotion systems: an intermediate theoretical approach.* Walter de Gruyter, 2012.

[SCS00] SULTAN, C.; CORLESS, M.; SKELTON, R. E. Tensegrity flight simulator. *Journal of Guidance, Control, and Dynamics.* 2000, Jg. 23, Nr. 6, S. 1055–1064. DOI: 10.2514/2.4647.

[SCS02] SULTAN, C.; CORLESS, M.; SKELTON, R. E. Linear dynamics of tensegrity structures. *Engineering Structures.* 2002, Jg. 24, Nr. 6, S. 671–685. DOI: 10.1016/S0141-0296(01)00130-4.

[Sum18] SUMI, S. *Form- und Parameterfindung von multistabilen Tensegrity-Strukturen mittels Optimierungsalgorithmen und Anwendungen in der Greifertechnik.* 2018. Dissertation. Technische Universität Ilmenau.

[SBZ17] SUMI, S.; BOEHM, V.; ZIMMERMANN, K. A multistable tensegrity structure with a gripper application. *Mechanism and Machine Theory.* 2017, Jg. 114, S. 204–217. DOI: 10.1016/j.mechmachtheory.2017.04.005.

[Sum+18] SUMI, S.; BÖHM, V.; SCHORR, P.; ZENTNER, L.; ZIMMERMANN, K. Compliant Class 1 Tensegrity Structures for Gripper Applications. In: *European Conference on Mechanism Science.* 2018, S. 392–399. DOI: 10.1007/978-3-319-98020-1_46.

[Sum+17] SUMI, S.; SCHORR, P.; BÖHM, V.; ZIMMERMANN, K. Dynamic analysis of a compliant tensegrity structure for the use in a gripper application. In: *Dynamical Systems Theory and Applications.* 2017, S. 323–334. DOI: 10.1007/978-3-319-96598-7_26.

[Sun+13] SUNSPIRAL, V.; GOROSPE, G.; BRUCE, J.; ISCEN, A.; KORBEL, G.; MILAM, S.; AGOGINO, A.; ATKINSON, D. Tensegrity based probes for planetary exploration: Entry, descent and landing (EDL) and surface mobility analysis. 2013, Jg. 7, S. 13.

[Sur+19] SUROVIK, D.; WANG, K.; VESPIGNANI, M.; BRUCE, J.; BEKRIS, K. E. Adaptive tensegrity locomotion: Controlling a compliant icosahedron with symmetry-reduced reinforcement learning. *The International Journal of Robotics Research.* 2019, S. 0278364919859443. DOI: 10.1177/0278364919859443.

[Swa13] SWANSON, R. L. Biotensegrity: a unifying theory of biological architecture with applications to osteopathic practice, education, and research-a review and analysis. *The Journal of the American Osteopathic Association.* 2013, Jg. 113, Nr. 1, S. 34–52.

[Syn96] SYNNESTVEDT, R. An effective method for modeling stiction in multibody dynamic systems. *Journal of Dynamic Systems, Measurement, and Control.* 1996, Jg. 118, Nr. 1, S. 172–176. DOI: 10.1115/1.2801141.

[Tib02] TIBERT, G. *Deployable tensegrity structures for space applications.* 2002. Dissertation. Königliche Technische Hochschule Stockholm.

[Tie+13] TIETZ, B. R.; CARNAHAN, R. W.; BACHMANN, R. J.; QUINN, R. D.; SUNSPIRAL, V. Tetraspine: Robust terrain handling on a tensegrity robot using central pattern generators. In: *2013 IEEE/ASME International Conference on Advanced Intelligent Mechatronics.* 2013, S. 261–267. DOI: 10.1109/AIM.2013.6584102.

[Uzu17] UZUN, F. Form-finding of free-form tensegrity structures by genetic algorithm–based total potential energy minimization. *Advances in Structural Engineering.* 2017, Jg. 20, Nr. 5, S. 784–796. DOI: 10.1177/1369433216664739.

[VM99] VASSART, N.; MOTRO, R. Multiparametered formfinding method: application to tensegrity systems. *International Journal of Space Structures.* 1999, Jg. 14, Nr. 2, S. 147–154. DOI: 10.1260/0266351991494768.

[Wan+19] WANG, Z.; LI, K.; HE, Q.; CAI, S. A Light-Powered Ultralight Tensegrity Robot with High Deformability and Load Capacity. *Advanced Materials.* 2019, Jg. 31, Nr. 7, S. 1806849. DOI: 10.1002/adma.201806849.

[Wil17] WILL, C. *Programmcode Intervallarithmetik zur Gleichgewichtskonfigurationsbestimmung von multistabilen Tensegrity Strukturen.* 2017. Technischer Bericht. Technische Universität Ilmenau.

[XL10] XU, X.; LUO, Y. Multistable tensegrity structures. *Journal of Structural Engineering.* 2010, Jg. 137, Nr. 1, S. 117–123. DOI: 10.1061/(ASCE)ST.1943-541X.0000281.

[ZG03] ZANOTTI, G.; GUERRA, C. Is tensegrity a unifying concept of protein folds? *FEBS letters.* 2003, Jg. 534, Nr. 1-3, S. 7–10. DOI: 10.1016/S0014-5793(02)03853-X.

[Zap+19] ZAPPETTI, D.; JEONG, S. H.; SHINTAKE, J.; FLOREANO, D. Phase Changing Materials-Based Variable-Stiffness Tensegrity Structures. *Soft Robotics.* 2019. DOI: 10.1089/soro.2019.0091.

[Zap+17] ZAPPETTI, D.; MINTCHEV, S.; SHINTAKE, J.; FLOREANO, D. Bio-inspired tensegrity soft modular robots. In: *Conference on Biomimetic and Biohybrid Systems.* 2017, S. 497–508. DOI: 10.1007/978-3-319-63537-8_42.

[ZO15] ZHANG, J.; OHSAKI, M. *Tensegrity Structures.* Springer, 2015.

[Zha+11] ZHANG, J.; GUEST, S.; OHSAKI, M.; CONNELLY, R. Multi-stable star-shaped tensegrity structures. *Proc. IABSE-IASS.* 2011.

[ZMM06] ZHANG, L.; MAURIN, B.; MOTRO, R. Form-finding of nonregular tensegrity systems. *Journal of Structural Engineering.* 2006, Jg. 132, Nr. 9, S. 1435–1440. DOI: 10.1061/(ASCE)0733-9445(2006)132:9(1435).

[ZB10] ZIMMERMANN, K.; BOEHM, V. A contribution to the amoeboid locomotion of mobile robots. In: *ISR 2010 (41st International Symposium on Robotics) and ROBOTIK 2010 (6th German Conference on Robotics)*. 2010, S. 1–6.

[ZZB09] ZIMMERMANN, K.; ZEIDIS, I.; BEHN, C. *Mechanics of terrestrial locomotion: with a focus on non-pedal motion systems*. Springer Science & Business Media, 2009.

INTERNETVERZEICHNIS

[1] Online verfügbar unter: https://www.kuka.com/-/media/kuka-corporate/images/industries/automotive/automobilindustrie-automatisierung.jpg?rev=5ad67d95de6e47a9b3e2403ebd349905&w=1900&hash=6A5294F3CFBF5F1AC07F8D8D48389D4, abgerufen am: 22. Juni 2020

[2] Online verfügbar unter: https://photojournal.jpl.nasa.gov/jpegMod/PIA04413_modest.jpg, abgerufen am: 22. Juni 2020

[3] Online verfügbar unter: https://live.staticflickr.com/617/33256135541_c0e44235df_b.jpg, abgerufen am: 22. Juni 2020

[4] Online verfügbar unter: https://www.wright20.com/items/index/750/208_1_important_design_december_2009_r_buckminster_fuller_90_strut_tensegrity_geodesic_dome__wright_auction.jpg?t=1517376842, abgerufen am: 22. Juni 2020

[5] Online verfügbar unter: https://monoskop.org/images/8/8e/Ioganson_Karl_c1920_Study_in_Balance.jpg, abgerufen am: 28. Dezember 2019

[6] Online verfügbar unter: https://static.miraheze.org/tensegritywiki/b/bf/6_strut_suspend_accent_coffee_table_by_Koenig_with_wine_glass.jpg, abgerufen am: 30. Dezember 2019

[7] Online verfügbar unter: https://static.miraheze.org/tensegritywiki/0/0b/4x21_Jakob_Tensegrity_Torus_lowering.jpg, abgerufen am: 30. Dezember 2019

[8] Online verfügbar unter: https://www.flickr.com/photos/premierehdr/6930521542/in/photostream/, abgerufen am: 22. Februar 2020

[9] Online verfügbar unter: https://static.miraheze.org/tensegritywiki/3/3b/Kurilpa_Bridge_Designed_by_Cox_Rayner_Architects.jpg, abgerufen am: 30. Dezember 2019

[10] Online verfügbar unter: https://static.miraheze.org/tensegritywiki/6/6b/La_Plata_Birdair_cable_and_fabric_roof_stadium_complete_rendering2.jpg, abgerufen am: 28. Dezember 2019

[11] Online verfügbar unter: https://tensegritywiki.com/wiki/Tent, abgerufen am: 30. Dezember 2019